包装设计
理论及创新应用实践

刘亚平/著

中国水利水电出版社
www.waterpub.com.cn
·北京·

内 容 提 要

包装是在流通过程中保护产品,方便储运,促进销售,按一定的技术方法所用的容器、材料和辅助物等的总体名称。对它的研究,有助于商品实现商品价值和实用价值。在经济全球化的今天,包装与商品已融为一体。

本书内容包括包装的起源、发展与未来趋向、形式、风格与表现,包装设计的基本理论、特征、功能与原则,包装设计赋予商品的附加价值,包装设计的材料与方法,新世纪与新理念下的包装设计等内容,并选取部分优秀设计实例进行分析。

本书内容全面,论述有据,对于包装设计的学习者具有很好的参考作用。

图书在版编目(CIP)数据

包装设计理论及创新应用实践 / 刘亚平著. —北京:
中国水利水电出版社,2018.8 (2024.1重印)
ISBN 978-7-5170-6671-2

Ⅰ.①包… Ⅱ.①刘… Ⅲ.①包装设计 Ⅳ.
①TB482

中国版本图书馆 CIP 数据核字(2018)第 171342 号

书　　名	包装设计理论及创新应用实践
	BAOZHUANG SHEJI LILUN JI CHUANGXIN YINGYONG SHIJIAN
作　　者	刘亚平　著
出版发行	中国水利水电出版社
	(北京市海淀区玉渊潭南路 1 号 D 座 100038)
	网址:www.waterpub.com.cn
	E-mail:sales@waterpub.com.cn
	电话:(010)68367658(营销中心)
经　　售	北京科水图书销售中心(零售)
	电话:(010)88383994、63202643、68545874
	全国各地新华书店和相关出版物销售网点
排　　版	北京亚吉飞数码科技有限公司
印　　刷	三河市元兴印务有限公司
规　　格	170mm×240mm　16 开本　16 印张　207 千字
版　　次	2018 年 8 月第 1 版　2024 年 1 月第 2 次印刷
印　　数	0001—2000 册
定　　价	76.00 元

前　言

　　品牌 CI＝理念 MI＋行为 BI＋视觉 VI,包装设计是属于 VI中的视觉符号表现,符合产品理念的包装设计有利于增加产品的价值和生命力。包装与产品是相辅相成、互相促进的关系。在产品营销方面,包装起着至关重要的作用。产品包装的外观、形式、颜色以及其他特征都更方便地帮助消费者找到自己想购买的产品。在这个充满太多相似产品的世界里,一个独特的瓶子设计或一个不同寻常的盒子设计都将成为消费者购买产品的首要原因。

　　销售用的包装是企业产品生产的继续,是顺利实现产品价值的组成部分,它充当着生产者和消费者沟通的桥梁。随着社会的不断进步、生活水平的提高,人们对美的追求不断上升,过时的包装理念及其包装制品远远不能满足人们的审美需求,"美观,个性化"的包装需求越来越为人们所推崇,一个成功的包装设计,其作用不仅是保护产品,吸引消费者购买,更多的是让消费者认识企业及其丰富的企业文化。

　　包装设计相当于商业产品的形象,要通过样式或者图像特写的方式突出产品的特征,而且包装设计要注重整体的效果,要考虑到设计之间的连贯、重复、前后呼应的效果,形成构图的整体。最后要注重各种印刷效果的处理,在设计出成品时,要综合考虑材料的运用,以便达到效果好、成本低、环保的设计,从而以完美的状态出现在消费者的眼前,促进整个企业品牌价值的提升。做包装设计时,一定要遵循包装设计的要求和基本原则,只有这样才能做好自己的设计,从深层次体现产品的内涵,建立消费者对品牌的信任感,促进产品销售,达到增加企业效益的目的。

　　包装作为实现商品价值和使用价值的手段,在生产、流通、销售和消费领域中,发挥着极其重要的作用,是企业界、设计界不得不关注的重要课题。本书围绕这一课题展开系统性论述,对其理论问题、设计方法、未来发展趋势分别进行了分析。本书在写作过程中,参考了许多相关的研究著作与学术成果,在此对其作者表示衷心的感谢。对于书中存在的一些问题,也希望广大读者能够予以谅解,并提出宝贵意见。

人类社会已经达成共识:我们必须认真考虑明天,而不是只顾当下。这也就赋予了产品包装更大的责任,我们必须寻求更环保、更节约的方式。现在和未来的包装设计都与我们现在和将来为后代创造一个美好舒适的生存环境所做的努力紧密相连。

作 者

2018 年 4 月

目　录

第一章　包装的起源与包装设计

在人类漫长的文明进化历程中,每一项科学发明、社会变革、生产力提高以及人们生活方式的进步、环境的变化,都会对包装的功能和形态产生很大的影响。从包装的发展演变过程中,能清晰地看出人类文明进步的足迹,包装设计作为人类文明中的一种文化形态,了解它的发展和演变,对今天的设计工作具有非常现实的意义。

第一节　包装的历史起源与发展脉络

包装是完成产品从生产企业到消费者流通的桥梁,是保护产品的使用价值和价值顺利实现而具有的特定功能系统,包装又是构成商品不可或缺的重要组成部分,是实现商品使用价值和价值的手段,与人们生活息息相关。

在我国古文字中,"包"字是一个育子于子宫之中的象形字,如图 1-1 所示。

图 1-1　甲骨文"包"字

根据《辞海》的解释，以及传统上我们所接受的词义，"包"字的意思有包藏、包裹、收纳等，"装"字则有装束、装扮、装载、装饰与样子、形貌等几种解释。随着现代审美和生活品质的提升，对产品包装要求不仅停留在装饰美、工艺美角度上，还给设计师带来了更多挑战。包装艺术需要注入新鲜设计血液来满足人们急剧变化的审美观念，包装设计应打破艺术性的单一局限，从更广的角度和范畴来摄取营养，拓展包装设计的广度和深度。自然界丰富的造型美、色彩美与图案美等设计资源将会成为拓展和更新包装艺术形式的新设计语言，如图 1-2 所示的传统包装，来自古代捆扎结构的创意。

图 1-2　食品捆扎包装

根据历史学的时代划分方法，一般将 1840 年以前的包装统称为传统包装，1840 年以后的包装称为现代包装。由于包装与社会经济生活，尤其与生产方式密切相关，在传统的范畴，又可以根据生产方式将其区分出原始时代包装和工业时代包装两个阶段。从历史演变过程角度说，历史学家通常用原始包装、古代包装、近代包装和现代包装四个阶段进行标注，如图 1-3～图 1-6 所示。

图1-3　原始包装——饕餮白釉陶器

图1-4　古代包装——六棱瓶（宋代）

图 1-5　近代包装——酒壶（民国时期）

图 1-6　现代包装——梅酒包装设计

一、古代包装造型的发展与演变

　　包装起源于一万年前的原始社会后期，当时主要使用的包装材料及容器有：植物茎叶、葛藤、荆条、竹皮、树皮、兽皮、贝壳、篮、筐、篓、竹筒和皮囊等。从现在对包装含义的概念来看，这些未经技术加工的动植物组织，直接用作盛物的容器，还称不上是真正意义上的包装,但它们是包装的萌芽。原始萌芽阶段的包装对于包装功能的需求只停留在最基本的"包"和"装"两部分功能上,包装只被用来满足人类基本生活需要中"盛装"和"转运"的功能,只是一种对自然物的简单利用,实际上并不具备今天人们所认为的设计的内涵。伴随着生产和交易活动的展开,出现了具有盛装功能的器具和兼具包装特性的器物,如青铜器、陶器、漆器、角器、木器、皮革器皿、竹器等。其中,这些物品基本上具有两重性,既是容器(生活用具之列),又是包装品。原始包装以及创意来源于古代包装结构的现代包装设计,如图 1-7～图 1-8 所示,"巴南银针"的包装设计便是采用了古代玉璧的图案。

图 1-7 玉璧——战国

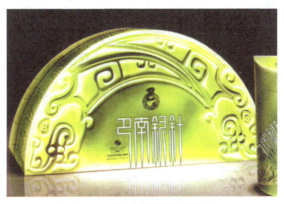

图 1-8 "巴南银针"包装设计

图 1-9 与图 1-10 所示的创意便来源于古代的传统包装,尤其是图 1-10 所示的包装,它是用苇叶包装的三角形和菱形结构的现代包装设计。

图 1-9　现代概念包装

图 1-10　"柿柿甜蜜"包装设计

二、现代包装的发展与演变

19 世纪初,西方工业革命的发展、机器的发明和能源的开发,提高了生产效率,创造了丰富的产品,同时也给产品包装工业带来了巨大影响。一方面,随着商品交换的日益频繁、全球化贸易的日渐发展,大量的产品要求迅速、安全地送达消费者手中,包装的作用就显得非常重要;另一方面,技术的进步也为包装产业的发展打下了坚实的技术基础。工业革命提高了手工业时期的生产效率,商品的生产由小批量的手工加工转向大批量的机器生产模式,从而使商品交换逐渐进入大众化的消费阶段。

工业革命以来的机械制品不注重形式美的法则,往往丑陋不堪。于是,人们一方面重视设计艺术,另一方面开始探寻机械化生产方式下合适的设计艺术表现形式。在解决这一问题的过程中,西方发达国家在设计发展史上,经历了英国的工艺美术运动以及从法国开始后来蔓延到欧美的新艺术运动。英国的工艺美术运动以追求自然纹样和哥特式风格为特征,旨在提高产品质量,复兴手工艺品的传统。新艺术运动继承了工艺美术运动的主张,提出艺术与技术相结合,以解决产品造型与装饰问题,追求与传统决裂、完全师从自然的全新风格。新艺术运动风格的设计如图 1-11～图 1-13 所示。

图 1-11　新艺术运动风格的瓷器设计

图 1-12　新艺术运动风格的现代产品设计

图 1-13　新艺术运动风格的现代产品设计

　　显然,无论是英国的工艺美术运动,还是法国开始的新艺术运动;无论是整个设计领域,还是单单包装设计方面,在很大程度上都只是看到了某些现象,而没有看到社会发展必然趋势所带来的根本性变革,也没有看到机械化生产条件下对设计的主观要求。因而在包装设计方面,只是注意到了装饰风格倾向,而忽略了造型与装饰的结合,在设计上单纯注重装饰上的唯美表现。工艺美术运动和新艺术运动虽为现代设计萌芽和形成作出了贡献,但它们都回避机器生产这一现实去寻找新时代的设计方法和风格。这种否定机器生产的思想,从根本上没有为现代工业生产创造出合理的设计艺术理论,无疑会阻碍工艺设计的发展。不少设计师在正视现实的前提下,不得不去探索解决问题的方法。现代主义设计在这种形势下应运而生。

在现代主义设计确立和发展的过程中,作为设计领域重要分支的包装设计,呈现出以下特征:

(1)为了彻底解决机械化、大批量生产和产品造型与装饰的艺术性之间的矛盾,在包装设计领域,设计师所注重的是机械化产品的形式和审美表现,因而"功能主义"在设计中占主流。为了快速地发展社会经济,极大地增加社会的物质产品,以保护商品、方便储运为主体的包装的功能性成为包装设计的出发点和归宿,如图 1-14、图 1-15 所示。

图 1-14　BOL&BOL 礼品包装设计

图 1-15　BOL&BOL 礼品包装设计

（2）在现代主义设计精神下，伴随着社会的进步、科学技术的快速发展，各种新材料被大量地运用到包装上，但人们对于各种新材料在包装中的运用主要注重其经济性和便利性，而忽略其对整个社会发展的影响。因此，包装在社会的可持续发展过程中扮演了极不光彩的角色，一方面，严重地浪费社会资源；另一方面，造成环境的严重污染，在这方面尤以塑料作为包装材料表现得最为突出。

（3）随着欧美一些发达国家经济的发展以及他们向国外倾销商品的不断加剧，在这一时期，包装设计在其风格方面更加打破了传统的民族和地域特点，开始形成国际化的风格。在不少国家和地区，通常形成了适应国内市场和国际市场的双重或多重设计风格。

现代主义包装设计发展到 20 世纪 60～70 年代以后，由于社会经济的发展而变得与时代、与人们的审美观念越来越不相适应。因此，从这时开始，与其他设计领域一样，在包装设计领域也开始了反思和新形式的探讨。这种探讨，到 20 世纪 80 年代便形成了几大主流趋势：一是包装设计必须与社会可持续发展相适应；二是包装设计必须面向经济全球化发展趋势；三是包装设计必须与日新月异的科学技术发展密切结合；四是包装设计必须满足人类精神多元化的需求。正是在上述四种趋势下，与社会可持续发展、与人的真正全面解放和自由相适应的现代包装设计理论体系正式确定，并呈现出不可逆转的趋势。

在设计师 Ampac 设计的饮用水包装中，设计师充分考虑到包装与环境保护、包装与社会可持续发展的关系，提出可重复使用的、可折叠的、可水洗的、可冻结的、可连接的和可识别的全新的设计理念，Vapur-Anti-Bottles 是他当时设计的产品，具有减少浪费的水包装的特点。另外，丰富的色彩，有趣的形状和连接环，也是能够吸引消费者的设计要素，如图 1-16 所示。

图 1-16 Vapur-Anti-Bottles 水包装设计

第二节 包装设计的基本理论

一、视觉读取速记

视觉读取速记是指用包装上的符号代表一个产品,这也可以简称能指与所指。能指是一个符号、表征或图画,所指则是产品。设计师经常要想方设法,从一个想法或概念中提炼出简洁易懂的图形符号,以帮助消费者建立品牌认知。

(一)能指与所指

创造能指或具有代表性的东西,是一种适用于大多数产品的方法,并且可以迅速提升包装设计的视觉效果。设计决窍就是识别并提炼出产品中最关键的因素,这些因素既要能被迅速识别,又要能被简单的标志或符号加以概括。

(二)通用的视觉货币

符号可用来表示一种产品或概念,符号既可以是抽象的,也可以是现实的。符号作为可视化的图案,观众由于受某种共同文化和社会规范的影响,会对其进行特定的解读。因此,符号成了人们通用的视觉货币,也就是说,大部分人能够理解事物与符号之间的普遍关联性。日常生活中充斥着大量的符号,在瞬息万变之间,人们的潜意识会对它们进行解释和理解。

在任意一种类型的零售商店中,由于特定的概念通过不同产品进行了多年重复的宣传,所以人们会感受到通用的视觉货币或暗示。因此,消费者在超市购物时,便会结合在更广阔的社会中通用的视觉货币,来解读商品上的符号。这种通用货币,使消费者看到奶牛的图标时,会联想到牛奶,看到苹果时会联想到水果,看到足球时会联想到运动。包装设计师能运用这些符号,使消费者迅速认知某种产品的品质特征。

图 1-17 展示了 Torres Sangre de Toro Tinto 品牌红酒包装的细节,使用了公牛的象征符号,给人们留下了深刻的印象。公牛是红酒的产地——西班牙的重要符号,该品牌使用公牛符号时,在其中融入了一定的幽默感——这些公牛以休闲而慵懒的躺姿,呈现在观者面前。

图 1-17 Torres Sangre de Toro Tinto 品牌红酒包装

如图 1-18、图 1-19 所示,希腊设计机构 Mouse 为 Fleriana 品牌设计了包装。这些包装采用覆盖着鲜花的人模衣架图像作为视觉速记,表明了该品牌产品百分之百纯天然的品质。Fleriana 品牌讲述了一个自然的故事,它将优雅、精致作为其与众不同的特点。

图 1-18　Fleriana 品牌包装图像

图 1-19　Fleriana 品牌包装设计

（三）不同类型的符号

符号是表达某种概念、观点或事物的图形元素，它包括文字、道路标志与旗帜等。不同类型的符号可以有效地传达相同的概念。符号主要有以下三种类型：

1.象征符号

象征符号是某一概念、事物或行为的象征物。例如，旗帜便是一个象征符号。国旗看上去虽与其所象征的国家没有相似之处，但人们已经达成共识，都能将国旗与国家联系起来。

2.图像符号

图像符号是通过简化某个事物或人的图像而形成的图形元素，可从中提炼出能被立即识别的特征。举个例子，一个笑脸符号便是一个图像符号,因为它看上去还是像一张脸。

3.指示符号

指示符号是那些能够提示或指代其他事物的视觉符号。比如,一个牛奶桶可以指代奶酪。

(四)与场合相关的符号

符号与它们的含义之间并没有固定的关系,所以符号经常随着场合的变化而变化。举个例子,牛的图像在食品商店与家具商店中有不同的含义,在家具店中它指示的是皮革,在食品商店中它指示的是奶酪。必须考虑人们在不同的场合会如何解读符号,因为人们对符号的某种诠释可能并不是预期想要的。

R设计公司为Tesco品牌设计的奶酪包装十分轻松,充满了乐趣。一头奶牛从栅栏内探出头来,望着消费者:奶牛指示了产品类型,包装左上角的国旗符号,则代表着该种奶酪的原产国。在图1-20中,可以看到原产国的国旗标志。

图1-20　Tesco品牌奶酪包装

二、个性

品牌在发展过程中,通常会形成可以综合呈现产品品质、价值或属性的品牌个性。特别是对于消费品来说,建构品牌个性是传达产品属性或品质的一种有效方法。品牌个性有助于建立消费者与产品之间的各种情感纽带与联系,包括信任、传统、愉悦或严肃等。

(一)引人入胜

一个成功而且富有吸引力的品牌个性,能使一个品牌的产品与其他竞争品牌的产品有明确的区分,特别是在竞争激烈的食品门类,品牌与同类"山寨"品牌、自有品牌与全国性品牌之间有着激烈的竞争。此外,建立品牌个性,还有助于品牌与消费者之间形成信任的纽带,以及将产品转化为与人们具有某种情感联系的东西,尤其是将品牌与产品的拥有者或创作者联系起来的时候。

消费者更倾向于相信拥有具体人物形象的品牌,即使与他们建立联系的人物是虚构的,而不太容易信任那些不露脸的企业或品牌。因此,如果一个品牌能够与人们所关心的话题产生共鸣,或者能够真正吸引人心,那么建立品牌个性便是很成功的品牌策略。品牌个性可能集中在一个公司制造产品的悠久历史上,就像Quaker品牌一样,它能让人与贵格会教徒(Quakers)所推崇的公平交易、注重品质的信条联系在一起。虽然 Quaker 品牌其实与贵格会并没有什么实质联系,但却通过与贵格会产生关联的虚构品牌个性而获益匪浅。

Burt's Bees 品牌(图 1-21)的产品在包装上使用了品牌创始人波特·沙维茨的名字和图像,为该品牌使用蜂蜡提取物的一系列纯天然产品增添了令人信任的品质。消费者越来越喜爱这些提倡健康的较小规模的公司。

图 1-21 Burt's Bees 品牌

　　如图 1-22 所示是 Ogilvy&Mather Frankfurt 设计公司为 Rellana Hair 品牌流苏纱系列产品设计的包装。该包装设计把人脸图像印刷在环绕毛线团的标签上，使毛线变成了人物的头发与胡子，以此来创建鲜明的品牌个性。该包装以一种注重成本效益的方式，立竿见影地描述了毛线的特征，并以生动的形式表明了这种毛线是编织围巾和帽子的首选材料。

图 1-22 Rellana Hair 品牌流苏纱系列产品设计

（二）真人品牌个性

　　真人品牌个性也可以是真实可信的。真人品牌个性是指某些品牌通过真实人物,特别是能够引起公众高度注意的真实人物的个性和形象特征,来构建品牌个性。近年来,出现在消费者面前的真人品牌个性越来越多,因为公众人物也希望从产品销售中赚取特许权使用费,即利用他们的名望来获取利润。然而,也有一些真人品牌个性,它们吸引消费者购买产品的目的并不是出于私利,而是为了使公众关注社会问题,比如支持慈善事业,提倡健康的生活方式,提高公众的环保意识等。

　　Newman's Own 品牌是最早使用真人个性的品牌之一(图1-23、图1-24),它的历史可以追溯到 1982 年,著名演员保罗·纽曼意识到,利用他的真人图像能够促进产品销售。纽曼还支持公益事业,他将公司的所有利润都捐献给了慈善机构。

图 1-23　Newman's Own 品牌包装

图 1-24　Newman's Own 品牌包装真人图像

（三）想象的历史

一个品牌经过多年经营，成功地实现了产品的承诺之后，便开始谱写添加了虚构成分的品牌历史。品牌经理会使用这样的品牌历史，向消费者宣传品牌的长久，以表明这些产品已经成为每个家庭长期依赖的朋友，比如 Uncle Ben's 品牌和 Quaker 燕麦品牌。

英美电视频道的厨师和美食批评家劳埃德·格罗斯曼创立了 Loyd Grossman 品牌（图 1-25），生产食品和调味料，品牌灵感源于他在世界各地著名的美食之都旅游的经历。该品牌使用了真人个性，以吸引格罗斯曼电视节目的粉丝。

贾米·奥利弗是英国电视烹饪节目的厨师。他传授的简单烹饪方法，引起了大人和小孩对美食的兴趣，因此在英国和全世界声名远扬。

像 Uncle Ben's（图 1-26）这样的品牌反映出了更广阔的社会状况和社会问题的变化。在品牌成长的历史中，"班叔叔"（Uncle Ben）逐渐从农民的形象转变成了董事长的形象。

图 1-25 Loyd Grossman 品牌

图 1-26 Uncle Ben's 品牌包装设计

三、说服功能

包装设计的一个主要功能,是帮助消费者做出购买决策。在这种情况下,包装的目的是突出产品积极的一面,并将它转化为某种消费者无法抵挡的东西,从而说服他们购买。为了赢取消费者,包装通常会综合使用强烈的色彩和图像,以宣传各种信息。

(一)修辞学

设计师在包装设计中使用了许多说服性的沟通方式,其中的大多数源于修辞学的原则。修辞学是古代演说的艺术,关心如何运用语言进行有效的沟通。修辞学将演说分为五个步骤,即"五艺说"——觅材取材或发现论点、谋篇布局、文体风格、记忆、演说技巧——每一个步骤都能应用于包装设计,优化向特定受众传递信息的过程。演说通常会运用逻辑证明、情感证明、信誉证明等技巧,吸引受众的参与,并引发特别的反应。

古典修辞学旨在训练人们成为有效的说服者,使他们能够用语言技巧来强调自己的观点或立场。今天,修辞学被用在了许多不同的专业领域,包括新闻、公共关系和市场营销等行业。

包装设计经常以修辞学为工具,以与目标受众建立联系,吸引他们个性中的不同方面。一般来说,包装设计借助修辞学的五艺说,能形成与受众产生共鸣的信息,并能通过这样的方式建立叙事结构。信息的规划、风格与呈现形式,取决于那些已知的、能够引起目标受众回应的品牌特征。包装设计还可以借助修辞学的一些其他技巧来传达更具体的信息。

(二)逻辑证明

逻辑证明是指通过逻辑推理来说服消费者,使他们在设计中能看到一个产品真实或明显的特征,了解到该产品之所以比其他竞争产品更好,是因为它更强大、更持久,有更高的价值或更优等的品质。

（三）情感证明

情感证明是指能够煽动受众的情绪和感受，建立消费者与产品情感联系的说服性手段。它通常用于那些产品之间几乎不存在真实差异的领域，或者虽然存在合理的差异，但这种差异却很难被消费者理解的行业。使用情感证明的方式包括在卫生纸的品牌包装上绘印可爱的小动物，用微笑婴儿的图像来强调保险产品的重要性，或者提醒消费者如果不使用某种既定产品，可能会导致严重后果。许多保健产品在品牌包装上也使用情感证明。

（四）信誉证明

信誉证明是指将演说者或作者的真实性格或投射性格作为说服消费者的基础的一种说服方式。它是品牌管理者寻求发展品牌个性，并使其与消费者的自我认知产生联系的原因之一。可以看到，每一次由明星或专家来代言产品，都是在运用信誉证明。它或者是使名人代表消费者，并将其独特的能力投射到产品上，或者是延展了名人强烈的"酷"感因素。

图 1-27 所示为希腊设计机构 Mouse 为 Draculis 品牌设计的包装，Draculis 品牌是一个生产袋装咖啡的公司。设计的意图是使该品牌与垄断咖啡市场的双寡头品牌之间的差异可视化。最终，包装以简单的黑色背景来衬托一杯香浓可口的咖啡，暗示了产品醇厚的口感。此外，包装还使用了希腊字母，作为每种咖啡的缩写。

图 1-28 所示为瑞典设计机构 Neumeister 为保健饮料品牌 Vitamin Well 重新设计的包装。该包装巧妙地运用了品牌标志，突出了高净度的液体。标签上除了用层次结构清晰的文本说明不同层次的信息，再无其他多余的视觉元素。

图 1-27　Draculis 品牌包装

图 1-28　Vitamin Well 保健饮料

四、幽默与恰当

通过使用幽默的手法,某个事件、情景或说法可能会让人感到有趣、逗乐,甚至会引人哈哈大笑。

通过使用幽默的手法,营销商力图将消费者的注意力锁定在一个产品或品牌上,使他们更容易在零售环境中认出这个品牌。幽默能让产品带给消费者愉悦的经历,并在此基础上使产品与消费者建立联系,这有助于让消费者回忆起该产品。

人们对幽默的感知往往非常主观。这意味着,一种幽默有助于将信息直接有效地传达给某个特定的目标人群,因为该目标人群更容易识别并欣赏这种特定的幽默。设计中形成的幽默,往往只有目标人群能够破译和理解,目标人群之外的人则不能理解,或者对能否理解这个玩笑并不在乎。

　　幽默如果使用不当,则很可能导致品牌彻底失去目标人群,或者被目标人群误解和曲解。因此,将幽默作为设计或品牌定位的一部分时,必须小心谨慎。

　　幽默并不需要使人捧腹大笑。相反,通过微妙的幽默使人会心一笑或者眼前一亮,可能会产生更好的效果。简单的图形元素使原本平淡无奇的产品变得幽默而生动,给观众设置了智力上的挑战,只有破解它,观众才能了解品牌信息背后的真正含义。

　　幽默的力量是难以明说的,因为它远远不止是讲一个笑话。长期以来,人们把幽默作为一种工具,并将其广泛运用在广告中,使其与品牌建立一种联系。设计中所用的幽默通常有以下几种类型:

　　(1)对比,包括将一个产品与类别不同的东西进行比较。

　　(2)拟人,指创造一个幽默的品牌个性来代表产品。

　　(3)夸张,指夸大或放大某一个品牌的一些构成部分,例如Carlsberg 品牌的宣言:可能是世界上最好的啤酒!

　　(4)加法,指添加能够改变一个项目原有意义的元素。

　　(5)减法,指强调某种产品不是另一种东西,例如英国的乳制品品牌"I Can't Believe It's Not Butter!"

　　(6)双关,指将产品作为可视化双关语的一部分,来制造幽默感。

　　(7)替换,指用明显不是该产品的另外事物来指代产品。

　　(8)致敬,指在某些熟悉的东西身上发掘幽默感,比如从艺术和历史中寻找参照点。

　　(9)错视画法,即"眼睛的把戏",指把真实与虚构结合起来。它可以使包装看上去就像一件产品,比如设计的垃圾箱内衬塑料袋看上去能像垃圾箱一样。

　　图 1-29 所示为希腊设计机构 Mouse 为 Sugarillos 品牌生产的独立小包砂糖设计的包装。该设计在长条包装袋上突出绘印了一系列形状各异的茶匙,作为对产品的解释:一匙糖。设计简洁易懂,只运用了一个装饰元素。

图 1-29　Sugarillos 品牌砂糖包装

　　Burst* 设计机构为英国零售药妆品牌 Superdrug 的护肤面膜产品设计了包装(图 1-30)。包装以一张女性脸部的黑白照片为背景,产品的成分图像则用彩色表现。这些蔬果刚好贴在了女人鼻子的位置,看上去就像是小丑的鼻子。模特与蔬果是分别拍摄的,但最终被整合在了一起,蔬果就像贴在模特的鼻子上似的。设计师使图像环绕在包装袋上,把模特睁开的那只眼睛放在包装的背面,而将那只闭着的眼睛放在了包装的正面。最终的包装显得既随性、有趣,又独特。

图 1-30　Superdrug 护肤面膜包装

Mint crisps 薄荷巧克力棒是由薄荷巧克力棒组成的——这加强了两者的联系,也就是说,喝咖啡的时候,可能会想吃薄荷巧克力棒(图 1-31)。包装用深绿色来表达产品口味带给人的感觉(薄荷和巧克力),而且还体现了时间感,因为在晚上,人通常会很想吃这些东西。R 设计公司的设计理念具有丰富的内容,而且富有想象力。

图 1-31　Mint crisps 薄荷巧克力棒

五、保护、属性与体验

包装的主要作用是保护它所盛载的产品。比如纸板箱可以保护谷物食品,瓶子能够保存酒,塑料则可以防止水分渗入或流失。包装能够提供的保护类型和程度千差万别,往往还受成本因素的影响。许多不同的材料都能用来保护产品免受损害,而品牌定位则影响了材料的选用。

(一)保护

产品需要包装来保护它免受光线、水分、低温、高温、昆虫、霉菌、酸性与油性物质的侵蚀,以及装卸、运输过程和其他环境对其的破坏。一次性使用的产品只需包装来保护一次,然而对于可以多次使用的产品,它们的包装需要考虑产品更长的寿命。设计师在考虑保护产品的同时,也要顾及不同消费者的需求,因为人们的零售体验正在不断发生变化。在传统日常生活中,人们从杂货店、肉店和面包店购买本地的新鲜产品,他们会提着篮子,将所购买的商品放入其中。这些产品几乎没有什么保护性包装,有的可能只套着一个纸袋,有的甚至没有任何包装,而被直接放入购物篮。

今天,大部分人都去超级市场购物,那里有全球各地的产品。这些产品都有包装,以保护它们免受物流运输带来的损坏,并便于商店处理和展示它们。因此,我们现在经常会买到盛在发泡胶托盘中、覆盖着保鲜膜的水果和鲜肉。

Lg2boutique 设计公司为 Bell TV 电视频道与互联网产品设计的包装(图 1-32),超越了瓦楞纸板包装仅有的保护功能。包装用表达了各种情绪的人物肖像,包括惊喜、热情、愉悦和惊奇等,来取代那些平淡而日常的东西,以反映该电视频道带给人们的乐趣。白纸板是一种能复制高质量图像的材料,这些脸庞被印在白纸板上,便超越了包装的保护属性,创建了一种体验感。为了进一步减少 Bell TV 电视频道产品对环境的破坏,包装在顶部安了一个提手,这样就连包装袋也省了。

图 1-32　Bell TV 电视频道与互联网产品设计的包装

（二）属性

包装的基本功能是保护产品，然而，我们花钱买的是产品的属性，而不是它的保护措施。我们购买一件产品时，不仅购买了实物商品本身，比如一瓶洗发水，还购买了商品的承诺，它将为我们做什么，它将带给我们什么感受。产品的承诺是产品特征的组成部分，能通过品牌运作传达给消费者。这一节我们将探讨一些与产品属性联系更加紧密的问题。

一件产品具有许多属性，包括材料或成分的质量和来源、设计制作的品质、寿命和坚固性、风格和美学特征，以及成本和尺寸等。产品的包装也可以被看作产品的属性之一，因为包装是否受欢迎，质量是轻是重，以及是否可回收，都会影响产品。

品牌包装的任务是反映产品积极的、令人满意的品质。这可能很简单，比如通过在包装中使用相似的材料，展示关于产品最强烈属性的图像，或复制并展示产品的某些关键属性。包装设计必须包含一些在研究阶段确立、在设计概念中发展起来的关键品牌属性。

一个品牌可以选用不同的材料，以创造和限定不同的用户体验。比如，提供平稳的、具有触摸手感的表面来与用户进行互动，或是为拖、拉、握等不同动作提供相对应的物件。包装是一种三维的创造物，因此设计师可以把对外形的探索和创造作为设计过程的一部分，从而创造出一些超越了二维图像的东西。利用包装的打开方式来增加使用产品时的独特体验，这也是可行的。

Z3 设计公司为伦敦 Larynn 品牌的晶莹（Crystalline）系列化妆品设计了包装。该系列的每种产品都以不同晶体的名称来命名，包装设计则围绕产品名称展开。设计趋向于展示品牌冷静、清晰的品质，迥异于其他化妆品品牌利用情感属性来建构品牌的路线。

（三）体验

体验主要指人与包装之间的相互作用与影响,包括包装的易用性、触感与质地,以及它们融入产品故事中的方式。在大多数情况下,包装容易打开是很重要的,虽然这并不适用于所有的情况——比如,药瓶上的安全盖就是为了防止小孩打开误食药物而设计的。产品的便利性应当根据不同产品类型的需要,以及消费者的交互体验来设定。

创造有趣而让人回味无穷的包装体验,能够增加产品的价值,帮助确立品牌在消费者心目中的定位。包装体验的品质还能够促进和加强产品的品牌特征。至少产品包装的体验应该与品牌运作相一致,而不是削弱品牌运作。举例来说,如果一个产品的定位是限量版或是奢侈品,那么它的包装应该强调这样的定位。许多香水的包装都用玻璃瓶,而不是塑料瓶,以此强调高端的品牌定位,并通过各种复杂的瓶形,来创造消费者拿起瓶子时那种独特而真实的体验。

葡萄牙 Policarpo 设计机构为食品生产商 Boa Boca Gourmet 品牌的系列产品设计的包装,为人们提供了一种干果和坚果组合包装的创新触感,包装从中间部分裂开,两部分里的产品则不相同。

如图 1-33 所示的一系列获奖包装,是希腊设计机构 Mouse 为 Petrocoll 品牌的水泥和腻子产品设计的一系列包装袋。产品的外观很像其他的快速消费品,这使该品牌与竞争对手区分开来。针对建筑工人这一目标人群,设计采用了性感而又端庄的女性图像,每个人物在穿着上的透明度分属于不同的等级,以此作为在建筑工地上激起工人兴奋感的一种方式。

图1-33　Petrocoll 品牌的水泥和腻子产品包装袋

第三节　包装设计赋予商品的附加价值

　　在不同的时代和社会条件下,人们对包装的含义有着不同的理解。用业界的行话术语来说,包装是为在流通过程中保护产品,方便运输,促进销售,按一定技术方法而采用的容器、材料及辅助物等的总体名称。

　　随着经济的飞速发展和人们生活水平的不断提高,商品经济迅速发展,包装对商品的促销作用显得更加重要。但近年来,包装之风愈演愈烈,后工业时代一些商品包装的附加值被发挥到了极致,出现众多"虚假包装""过度包装""豪华包装"等现象,不仅耗费了大量的资源,造成环境的污染,还扭曲了包装价格和商品价值的关系,违反了市场经济的价值规律,背离了社会伦理道德,很多商品包装的价值取向已走进了误区。本节试从这种种现象和引发的问题入手,引用价值工程的基本原理,就现代商品包装的价值取向进行思考。

　　价值工程由美国通用电气公司工程师麦尔斯在1947年提

出,是指通过各相关领域的协作,对所研究对象的功能、费用进行系统分析,不断创新,旨在提高所研究对象价值的思想方法和管理技术。价值工程的目的就是以"对象的最低全生命周期成本,可靠地实现使用者所需功能,以获取最佳的综合效益"。价值工程是一门研究技术经济效益的科学。它摆脱了以往那种孤立地单纯从技术方面或者单纯从经济方面研究效益的做法,而是从技术和经济两方面相结合的角度,研究提高产品、系统或者服务工作的价值,降低其成本,以取得较好的技术经济效果,是一种符合客观实际的有效方法。

根据价值工程原理,价值是功能和成本的函数,即商品的价值与商品的功能成正比,与商品的成本成反比,揭示了价值取向及功能与成本的数值取向。功能是价值工程的核心,人们使用商品,实际上是使用它的功能,不同的商品可能为消费者提供同样的功能,即功能与其现有载体可以分离。价值工程所分析的是剔除其他因素寻求成本与功能之间的内在联系,因而将功能划分为必要功能和不必要功能、不足功能和过剩功能。

现代商品包装的价值取向要以商品的功能取向为核心,研究用更佳的设计,更廉价的材料,合理分配整个商品包装的成本,降低费用,在确保实现必要功能的前提下,设法消除过剩功能,从而提高商品包装的价值。

目前,全球掀起了"绿色包装"风潮。绿色包装是指对生态环境不造成污染,对人体健康不造成危害,能循环和再生利用,可促进持续发展的包装物质,它所用的材料主要来自自然,通过无污染的加工形成绿色产品,经使用后丢弃又可以回收处理,或回到自然,或循环再造。

在当代的经济社会里,有些设计师为了取悦个别消费者、讨好老板,为了可观的设计费,不顾及社会后果,甚至逃避自己在社会中所负的伦理责任。真、善、美是人类文化追求的理想境界,也是现代商品包装设计所努力追求的目标。设计师要树立社会伦理道德观念,遵从商品包装的价值工程观体系,将包装设计引向健康发展之路。

现代商品包装设计价值取向应符合价值工程原理,现代商品包装要有正确的价值取向,要遵循以人为本的思想,更多地注重商品包装的功能和人性化的特点,注重公众"返璞归真""人性回归"的生理和心理需求,倡导崇尚自然万物、重视人类生存环境的绿色包装,进行对资源的有效利用,对生态环境的改善和保护。

第二章　包装的形式、风格与特征

　　包装是为有效保护产品,方便储运,促进销售,而对包装物进行的设计。它的形式与风格由于包装的需要,分别呈现出不同的特点,同时优秀的民族设计也表现出共同的特征。本章围绕这几个方面进行分析。

第一节　包装的形式

一、个包装

　　个包装又称内包装或小包装,它是与产品最密切接触的包装,它是产品走向市场的第一道保护层。个包装一般都陈列在商场或超市的货架上,最终连同产品一起卖给消费者。因此在设计时,更要体现商品的个性,以吸引消费者(图 2-1)。

图 2-1　个包装

二、中包装

中包装主要是为了加强对商品的保护和便于计数而对商品进行组装或套装。这种包装形式既保护商品,又要兼顾视觉的展示效果,使商品便于携带和开启。比如一箱饮料是 32 瓶,一提是 10 瓶等(图 2-2)。

图 2-2　中包装

三、大包装

大包装又称外包装、运输包装。因为它的主要作用是增加商品在运输中的安全性,且便于装卸与计数。大包装的设计,相对个包装而言较简单。一般在设计时,包装上面主要标明产品的型号、规格、尺寸、颜色、数量、出厂日期等(图 2-3)。

图 2-3　大包装

第二节　包装的风格与表现

一、包装的风格

（一）风格的形成

风格问题是任何一个设计师都回避不了的。刻意追求也好，自然流露也好，鲜明独特的风格只有在整体有序的形式中才能产生。任意堆砌、任意拼凑，不成体系的形式会造成风格的混乱。

包装风格的形成，往往只取决于整个包装形象中最引人注目的因素。基于绝大多数包装都是在三维空间中展开，因此影响包装风格的因素比较多。如包装的外部形状和结构，包装画面的构成形式和构成原则，包装的色调和色彩的搭配、比例，包装的材质材料，包装的闭封与开启方式，甚至包装形体的大小等，都会对包装的风格产生影响。

在这些因素中,如何找到最为引人注目的因素是形成风格的关键。在一般情况下,包装画面的构成形式常常起着主宰作用。这是因为大量的包装都是普通的方形、圆形;即便形体略作变化,也仍然不足以在视觉上与色彩鲜明的画面相抗衡。

图 2-4 中的"泰伦"葡萄酒包装,取不同的瓶子形状表示不同的葡萄酒品种,由于统一了标贴画面中的构成形式和设计风格,因而其总体风格还是统一的。这其中最为引人注目的因素显然是凸显品牌形象的标贴。

图 2-4 "泰伦"葡萄酒系列

图 2-5 中,尽管这组包装的外形、结构、画面构成形式、色彩都不尽相同,但它都取同一材质、同一开启与闭封方式;色彩虽然不同,但设色原则相近,都选用高纯度的红、黄、蓝、白、黑、绿、金等组合而成;其画面构成虽然不同,然而构成原则却相近,都以平面、间隔、跳跃、穿插等来活跃画面;其包装外形虽然各不相同,但成形原则却相近,都取圆润、起伏而又饱满流畅的原则来成形,因而其总体风格是鲜明独特的,也是统一的。

图 2-6 同为日本寿司包装,因其长方形的外形明显不同于图 2-5,在这里,外形成了引人注目的因素,因而在风格上显示出了与图 2-5 的差别。

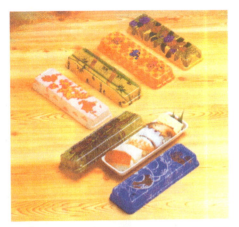

图 2-5　日本寿司包装　　　　图 2-6　日本寿司包装

　　就某件包装作品而言，鲜明独到的风格往往不是靠各种独特因素的拼命堆砌。相反，在众多因素中找出最为引人注目的因素并适当减弱其他因素是非常重要的。这一因素可能是它的外形结构，可能是它独到的画面构成，也可能是与众不同的材料材质，或者它的色彩等。要想什么都独特，结果就可能出现多头重心，相互扯皮，造成视觉干扰，谁也突出不了，原来具有的风格也会被削弱。图 2-7 中三绝啤酒独到的容器造型和外包装非常引人注目。那么，配之以单一的金色和单一的红色，淡化它的画面构成及其他因素实属聪明之举。

图 2-7　三绝啤酒包装

（二）风格的分类

包装一经问世，不论是优是劣，都会以某种风格出现。走进商场，只要略加比较，就会觉得不同的包装除了传达的信息不同之外，还会有各自不同的风格特色。

（1）粗放写意。Demi-Vache Wine 是一种产量非常小的酒，而且出售的时候一般都只有小瓶的包装。它的画面图案在粗放写意中浸透着一种奢侈逸乐（图 2-8）。

图 2-8　Demi-Vache Wine 包装

（2）秀丽工整。秀丽而又工整是 PIMPLESS 净肤凝胶系列的设计风格。虽然画面上几乎找不到一条代表秀丽的曲线,单看工整的字体和渐变排列的线条好像也不秀丽。但从淡雅的色调到轻柔的造型,整体上透露的是确定无疑的秀丽工整风格(图 2-9)。

图 2-9　PIMPLESS 净肤凝胶

（3）严肃宏伟。像纪念碑一样严肃宏伟的葡萄牙酒包装设计如图 2-10 所示。

图 2-10　葡萄牙酒包装

（4）风趣幽默。图 2-11 所示红酒的名字叫 Cyrano，这是传统红酒中的一个俗语，含有大鼻子的意思。所以，我们可以看到用 Cyrano 字体的变形组成了一张长着大鼻子的脸。如果说大鼻子的形象还不够清晰，那么图形传递的幽默感足以让人印象深刻。

图 2-11　Cyrano 包装

（5）朴实清新。图 2-12 所示的剃须膏包装，别出心裁的是在包装的四边转角上印上了有规律的黑色条纹，用钢刀划线后所有白色的部分向内折叠。这种处理和剃须刀片的边缘很相像，增加了包装结构的空间变化，同时也加强了产品的陈列效果。

图 2-12　剃须膏包装

（6）雍容华贵。图 2-13 所示为陈列在巴黎香榭丽舍大街橱窗内的高档礼品酒包装。

图 2-13　高档礼品酒包装

（7）富于抒情。图 2-14 所示为一件有意思的包装设计，是对传统的酒包装设计的一种挑战。所有的文字信息全部集中在酒瓶的瓶盖部分。通常用来展示品名等文字信息的瓶身上只有一条蓝色的色带。这个酒的名称叫作"河流上的弯曲点"。选择这个名称是因为这个酒的产地——葡萄园正好坐落在莱茵河的一个弯道上。波浪形的蓝色色带再现了莱茵河抒情诗般的浪漫风采。而那红色的点也恰好是葡萄园的位置。如此严谨的抒情恐怕只有德国人才有，在理性中透露着德国式的浪漫。

图 2-14　"河流上的弯曲点"酒包装

(8)趋于哲理。当一个品牌需要重新设计的时候,首先想到的是要创造一个识别性良好的视觉形象。在分析、归纳的基础上,设计者找到的瞄准点是平衡。在平衡的基础上先简洁而后优雅。图 2-15 所示的品名是 AqualibrA,而"A"这个字母本身就是非常平衡的。在设计这行文字的时候,第一个字母和最后一个字母都强调了"A",加强了这行文字的平衡感。圆形、矩形、三角形在一条垂直的中轴线上,体现了平衡。而圆形颈标内的说明文字为 AqualibrA,帮助人们调整体内的自然平衡。可见平衡的视觉效果是为平衡的主题服务的。同时,最下面的三角形内是直观的水果形象,瓶内是什么口味的饮料,三角形内就是什么水果。三角形本身就是一个非常平衡的形状,也正好和"A"的外形吻合。瓶子底部宽大稳定,颈部流畅优雅,从下到上渐高渐细,也像一个大写的"A"字,呈现出秀丽而独特的外形。巧妙的是,这种形态的瓶子盛装色泽鲜亮的水果饮料会让饮料固有的色彩也参与到视觉传达中去。瓶内的饮料随着瓶形的变化渐高渐淡,使整个瓶子在瓶贴的背面形成一道渐变的背景色。我们似乎从丰富的变化中读出了某种值得琢磨的设计哲理。

图 2-15　AqualibrA 包装

(9)妩媚婀娜。图 2-16 所示是为充满活力的年轻女性开发的包装设计。浓艳的色彩和富有动感的造型都强调了有点过分的饱和度。瓶盖结合了花卉植物和贝壳的造型,成双配对,互衬互动,既显示了植物的生命力,又有海洋、海浪所特有的深邃含蓄,与瓶体形成一个柔和完整的生命体。字体轻盈欢快,娇态毕露。综观整个包装妩媚婀娜的姿态,使它必然地在众多性别特征模糊的香水中脱颖而出。锋芒直指对年轻女性这一消费群体。

图 2-16　香水包装

　　(10)雄健刚劲。如同纺织品那样丰满的图案、响亮的色彩使得图 2-17 所示摩洛哥美食家食品系列优雅而完美。无论是在瓶子上还是在坛子上,它的标贴大小适宜。大到能使它在拥挤的货架上一下跳出来,小到能够让消费者一眼就可以看清容器里面装的食品。在盒子上围绕的大标贴既展示了品牌,又炫耀着丰满复杂的图案。

图 2-17　食品包装

　　(11)老成持重。图 2-18 所示"太阳魔鬼"这个品牌形象源自对出现在 20 世纪中叶加利福尼亚柳条箱上标贴的一种敬意。当时,这种怪异的形象主要是为了广告宣传。它的目标消费人群是风趣的成年人。希望用这种低酒精含量的水果饮料部分地取代啤酒。除了柠檬味,还有樱桃味和橙味。这一设计虽然几乎没有代表雄健刚劲的直线,但它仍然刚劲有力,周身充满了力量与激情,具有蛊惑性和煽动性。

图 2-18 "太阳魔鬼"包装

(12)童趣盎然。图 2-19 所示为一种瑞士巧克力的包装,它主要在旅游点和机场的免税商品销售点出售。包装的奶牛造型非常具有竞趣,能吸引小朋友的兴趣。

图 2-19 巧克力包装

二、包装的表现

（一）表现原则

1.保护性原则

保护性原则是商品包装设计的首要原则。现代社会中的商品从生产到销售，最终以完好的状态到达消费者的手中，要经受无数次的搬运、储存、撞击等过程。在此过程中要采取避光、防潮、防漏等保护措施。

2.便利性原则

商品的重量、形状、大小规格是各不相同的，为了方便运输和消费者使用，在包装设计环节上要考虑便利性，以方便经销者保管、识别、分发、收货等，帮助消费者增强购买商品的决心。

（二）表现手法

尝试说明包装设计的表现手法，或者对包装设计的表现手法分门别类地进行研究，实在是一件很困难的事。人们首先会对包装表现手法的定义和范畴提出异议：精巧别致的纸盒结构算不算表现手法呢？造型各异的各种香水瓶本身不也是一种表现手法吗？还有编织、吊牌、标贴、彩带直到画面构图类型等似乎也都是不可忽视的表现手法……

然而，若从学习、研究、借鉴、参考的角度出发，对包装表现手法的分类研究又是设计师不能回避的。与其躲避矛盾，陷入"定义纠纷"，倒不如试着以印刷包装这一日常生活中最常见的包装为例，以印刷包装主展面的画面为对象，根据画面传达出的视觉效果，抓住主要矛盾，找出包装设计的表现手法。

1.符号优先

符号优先这一表现形式最具代表性。称得上老资格的要数亨氏食品的包装,它顶部"拱顶石"式的形式已经有近一个世纪的历史。近年来,随着信息泛滥,包装的符号化,用识别性能良好的符号来浓缩画面信息几乎成了保证商品不被淹没的唯一有效手段。符号优先也成了近年来优秀包装的共有特征。

图 2-20 虽然有文字,有水果图片,有各种信息,但均谈不上引人注目。突出的是由圆形向两侧延伸的构成符号。这样不管是什么色调,什么品种都因此符号而统一,而醒目。

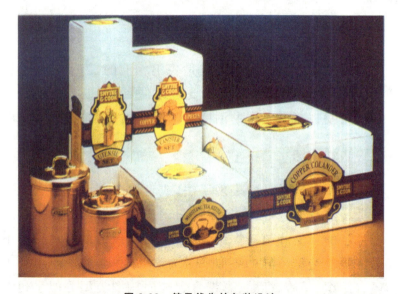

图 2-20　符号优先的包装设计

2.情调渲染

符号化有强化视觉冲击的作用,处理得不好,就容易生硬。发达国家在包装设计中提出过"符号优先,情调渲染"(也有提"符号寓意,情调优先"的)。这是因为符号优先常常容易只顾突出自己,不太顾及他人接受起来会不会反感。情调渲染则强调以情动人,让人们在接受视觉符号的同时,能进入某种带有美感的情调之中。

一些追求情调渲染的包装,符号感虽然不太强,视觉冲击力也不至于咄咄逼人。

3.形象展示

这类包装也可能带着某种情调,也可能有适度的符号感,但它那强化了的商品形象,或者对商品形象化的刻画描述会令人过目不忘。

图 2-21 所示为澳大利亚设计师设计的调味品包装,包括醋、橄榄油、芥末等。而其中各式的"白酒醋"包装最富特色。设计师为了让瓶子里装着的植物香料有良好的形象展示效果,非常考究地设计了简洁的胸标和黑底的圆标。胸标的色彩和瓶中的植物形象互衬互补又和谐共处。胸标、圆标的位置根据不同的瓶形作微调,既保证整体格调的统一,又保证良好的形象展示效果。在形象展示方面,各种"开窗式"的直接展示产品的设计手法在食品包装上运用得相当多。设计师应非常仔细地处理好"直观形象"与各种设计要素之间的关系。互衬互补、主次分明、和谐共处,这是此类设计的一个基本原则。

图 2-21　调味品包装

各种果汁饮料也经常直接以鲜美亮丽的水果形象作为包装画面的视觉中心。图 2-22 所示为德国的果汁饮料包装和食品包装。而作为原料的水果则直观地展示着可口美味的形象。

图 2-22　饮料和食品包装

　　图 2-23 所示为冰激凌的包装,出人意料地运用黑色作底,使商品形象浓艳欲滴、非常醒目。

图 2-23　冰激凌包装

4.图形装饰

　　对于绝大多数包装来说,图形装饰是免不了的。这是一种最原始、最基本、最能美化商品的设计手法。有时候设计师担心,用图形来装饰包装的表面也许有悖于设计的本意,但它只要不干扰信息的传达,能给消费者带来愉悦和美感,同样也是不能缺少的。

图 2-24 所示为澳大利亚的礼品酒包装,四个画面拼在一起简直就是一幅完整的装饰画。

图 2-24　礼品酒包装

装饰不一定就是复杂花哨,有时候简洁到极致反而会产生强烈的装饰效果(图 2-25)。

图 2-25　醋的包装

5.情节刻画

情节刻画是指通过某一情节传达出特有的意境。图 2-26 所示为美国果酱包装,选取了西部牛仔的某些情节,整个包装画面几乎就是一幅风俗图。

图 2-26 果酱包装

6. 情趣诱导

利用小情趣的诱导,可以使人们在接触包装时轻松愉快,增添购买时的兴致和乐趣。图 2-27 所示为一种充满情趣的食品包装。

图 2-27 食品包装

第三节　包装设计的特征

包装设计作为一种文化形态,能够表现特有的民族文化和艺术特质。民族性、艺术性、功能性和生态性成为当今包装设计的美学特征。而传统文化的体现与现代设计思想的表达在现代包装设计中显得尤为重要,尤其在国际设计交流中体现得更加明显。同时从可持续发展的角度考虑,我们不得不把环境保护放在首要的位置,生态问题成为研究的课题。

一、民族性特征

世界上每个民族都有各自不同的民族文化观念和意识,民族文化受当地地域条件和社会条件影响而形成独特的语言、价值观和审美观,直接或间接反映在各自的设计活动中。如日本的包装充满历史传承、人文关怀和自然美感;法国的包装体现了法国人的优雅与浪漫;德国的包装具有严谨、理性的科学态度;美国的包装则带有自由奔放的现代都市气息,这些都反映了他们各自的民族文化观念的影响。而中国包装设计中饱满对称的造型,自然内敛的气质,单纯醒目的色彩,圆满吉祥的寓意,无不折射出中华民族内向含蓄的性格特征和天人合一、崇尚自然的思想(图2-28)。

没有民族精神和各民族风格的设计,很难在国际市场上受到更多的关注。我们需要回归传统,回忆民族文化,强化民族意识,提高产品包装的民族性。尤其是在当前经济全球化的大趋势下,包装设计所面临的消费者也将是全球性的,现代意识的包装设计应结合本民族传统文化,把民族文化的精髓吸收到包装设计中来。

图 2-28　民族性特征包装设计

　　传统纹样、文字、造型和色彩等是民族风格包装的重要设计素材，对于传统的美学元素，在运用时我们不能照搬照抄，实行"拿来主义"，也不是简单的变形和组合。民族风格只是一种设计手段，而不是设计目的，它是一种精神上的体现，是中国几千年文化沉淀的一种表现，是自然而然的反应，而不是表象的文章。深刻地理解传统文化和传统思想观念，感受传统文化的氛围，结合当代的文化特征和设计理念，在遵循形式美规律的前提下，依据包装设计的目的和销售策略展开，自然就会在设计中体现出强烈的民族文化特征，并符合现代包装设计的要求。

　　如图 2-29 所示的鹤舞清酒包装设计就很好地体现出这一点。"鹤舞"是一款拥有历史底蕴的老品牌，在当下市场经济时代，老品牌除了要维持光荣的传统以外，还要勇于突破旧有的形象，才能具有品牌竞争力。

　　设计者要考虑到，在酒的包装设计中，除了文字、色彩、图案的构图编排以外，更重要的是要传达浓重的情感和源远流长的酒文化，使产品借助具有极强情感特色与文化感的品牌形象来赢得消费者的青睐，从而占领市场。

图 2-29 鹤舞清酒包装（郝雪婷）

鹤舞酒的包装设计采取中西结合的形式,酒瓶体采用欧式玻璃瓶的形态,而酒的商标和外包装均采用中国少数民族服装纹样进行设计,颜色艳丽又不失稳重,内外呼应协调,动静结合。鹤舞酒的包装设计在传达品牌的传统文化、历史特点、商品性、民族情感、价格规律上都具有典型性。

二、艺术性特征

现在,随着人们生活水平的提高,对产品的包装已由单一的实用需要转向精神需求,由物质消费转向精神消费。不论是消费产品本身,还是消费包装形象,人们都希望在购买产品时能从包装设计上得到一种情感需求的满足。艺术性成为当今包装形象的突出特征。就产品本身而言,包装完成后的价格比包装前的价格翻了几倍、十几倍甚至几十倍不等,这不能不说此时商品的包装起到了决定性的作用。消费者消费的已不仅仅是商品本身,更多的是在消费产品之外的极具视觉美感的包装形象。

20 世纪 70 年代后,人们开始注重包装的外在形象,尤其是超级市场出现以后,产品包装的时尚元素得到更加充分的体现,几乎每种商品都在自身的外衣上贴上"时尚"的标签,推介所包装的商品,起到"无声推销员"的作用。

"时尚消费即使消费者获得一种归属于某个群体的成员感,赋予时尚消费者一种特殊的内心优越,以为时尚消费就等于把握住了进入社会高级圈层的门票,另一方面也在外在符号上摆脱了对过时、落伍、不合拍、乡气十足等的恐怖。"余虹的这种时尚消费行为的观点,把时尚消费与社会地位以及身份荣誉联系在一起,对于那些想使自己变得与众不同而天性与能力都不够独立的消费者来说,时尚就成为真正的演出舞台。基于消费时尚的需求,必然要求产品包装的设计思想与时俱进,引领包装设计向前发展。

如图 2-30 所示为"凤梨酥"糕点包装,用视觉语言给消费者塑造了全新的味觉感受,使其在传统之外更增加一分风味。"凤梨酥"糕点属于传统食品,由于它的工艺独特,口味细腻,长期以来受到广大消费者的喜爱,尤其受到女性消费者的青睐。设计者采用食品类惯用的硬质纸盒包装,底纹选用具有富贵气息的中式传统纹样,通过图案的连续性、盒体结构的一致性以及标志的统一性形成系列感。"凤梨酥"三种字体的有机结合,搭配色彩的变化,形成统一中的变化感,洁白的盒体使食物的清洁感与纹样格外突出。

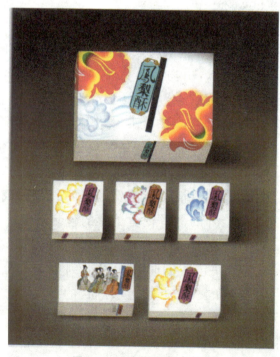

图 2-30 "凤梨酥"糕点包装

设计者巧妙地选取了韩熙载夜宴图中的五位宫女形象,丰富了视觉隐喻,提升了包装设计的艺术性,与品牌的形象和商品的特点非常吻合。

三、功能性特征

体现包装设计的功能性特征,还要从包装形式与内容相统一的角度去解读,包装形式主要运用包装设计的美学元素,通过形式美的法则体现出来。包装形式要准确地表达包装内容物的信息,实现两者的统一。形式与内容的统一才是包装设计的理想效果。

在经济利益的驱使下,商家为了获取更大的商业价值而加强了对包装审美的要求,往往过度强调包装的视觉效果而忽视了对产品包装基本功能的要求,使包装的审美要求与实用功能脱节。在这种情况下,规范市场形象、加强审美功能与实用功能的统一就显得尤为重要了。

如图 2-31 所示为鸡蛋包装,应首先从"保护商品"这一包装最基本的功能出发,有效解决鸡蛋的易碎问题,再去考虑视觉审美。

图 2-31　鸡蛋包装

四、生态性特征

在人类发展过程中,往往只注重人的主观意愿,满足人的单方面的生活、生理的需求,满足社会的需要,片面追求经济效益,而忽视自然的因素。人类肆意掠夺自然资源,自然环境遭到人为的破坏,人与自然环境的和谐受到影响,自然环境的破坏已经开始给人们带来负面的影响,开始反作用于人类,因此,保护自然环境成为当今协调人与自然的首要任务,人与自然的和谐关系成为当代设计的指导思想。"生态美学"为产品包装提供了研究的课题。

"生态美学"的提出,对包装设计产生了很大的影响,包装设计作为实践美学的一部分,由实践美学开始向实践基础上的存在论美学发生转移。

如图 2-32 所示的夏普电子产品包装就将"生态美学"很好地体现出来。包装采用可以像纸一样燃烧分解的材料,避免了包装废弃后的环境污染,同时,包装设计严格遵循简约设计理念,精巧的结构设计使得包装看上去很精简。

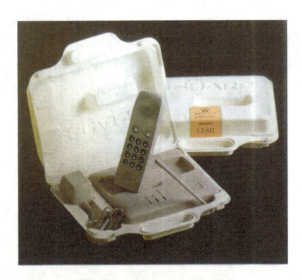

图 2-32 夏普电子产品包装

而图 2-33 的化妆品包装外观美观大方,更重要的是,设计师并没有摒弃环保的理念,而是采用再生纸和树脂减半的塑料制作包装。由此可见,优秀的包装设计与环保并不矛盾。

图 2-33　延安敬子化妆品包装

　　其实"生态美学"并非新生事物,中国古代"天人合一"美学思想,是人本哲学和美学的完美结合,主张自然与人的和谐统一、道德理性与自然理性的一致。正是天人合一的观念使中国古代文化形成了独具民族特色的美学情趣,使我国古代造型审美趣味多指向朴素、平实的审美追求,这是一种美与善的统一,自然而质朴。"天人合一"提倡人类和万物共生,与大自然和谐相处,与"绿色包装"具有一致性。这一思想直接影响着当代的包装设计,在设计中贯穿"天人合一"的设计理念,促进人与自然的和谐相处。

　　如图 2-34 所示是一个花卉种植的包装,设计非常奇妙,整个包装就是一个花盆和垫盘,使用绳子捆绑,盛放着植物的根茎和土壤,买回家就可以直接种植,绳子和标签纸可以再利用,整个包装几乎不产生浪费。

图 2-34　路易斯·菲利花卉种植包装

第三章 包装设计的功能与原则

包装设计与人们的生活息息相关,它所具有的功能也是落实在具体实践中的。本章对包装设计的功能进行具体的分析与研究,并且对于其在设计过程中的原则进行一定程度上的阐释。

第一节 包装设计的功能

一、传递商品信息

(一)信息的摄入

既然包装视觉传达的本质是信息的传达,那么设计者必须对商品信息有全面、具体的了解,尽可能地收集资料,要对物质和精神的信息进行调查和摄入。一般商品信息摄入包括商品的材质成分如何、有何理化特点、功能效用如何、外观形态如何、档次级别如何、使用方式如何、与同类商品相比有何特色、精神软价值开发的可能性如何、该产品行销何地、销售方式如何、商标知名度如何、是老产品包装改良还是全新设计开发、有何整体经营方针、专用识别符号是否需要改进、品牌形象定位如何、包装预想生命周期是多少、委托方有何设计要求、其合理性是否需进一步探讨等。

人的需求既有共性,也有个性,在个性化消费时代,把握个性显得尤为重要。这就要求对消费心理进行宏观和微观的分析。从宏观上看,有社会阶层、社会群体、社会心理和社会文化现象对消费行为的影响。从微观上看,有消费者年龄、性别、个性和家庭对消费行为的影响。

信息的摄入工作是一个细致而又具体的过程,包装信息传达的有效性正来源于此。

(二)信息的处理

视觉传达设计的本质可以说是有意义的信息的传达。设计正是借助含有各种不同信息量的图形、文字、色彩、质感,采用最佳的视觉程序(视觉语言),把有意义的信息快速、准确地传达给消费者。欲让消费者对商品产生满意度,需要传递他们所关心的商品信息。包装视觉设计的准则就是使包装能告诉消费者,该商品能给他们带来什么利益,或能展示该产品与同类其他产品所不同的独到之处,从而激发购买需求。消费者收集商品信息的目的和各自的需要有关。消费者接触许多商品信息,这些信息大大超过了个人的接受和记忆的范围。因此,消费者必然有意无意地对所接触到的信息进行筛选,只选取那些符合他们需要的信息。信息的意义性是知觉理解的前提,没有意义的信息不能被知觉和理解。

事物的复杂性决定了有关商品和消费的信息是多层次和多方面的,因此,只有从对消费者的意义性这一角度对摄入的信息进行处理才能确立视觉传达的基础。信息处理是人类认识外部事物规律的重要一步,通过它,信息可以形成系统性和逻辑性,为信息传达提供必不可少的前提和条件。信息处理一般分为两个方面:一是量的概念,例如统计整理、分组归类;二是质的概念,例如纠正、综合、比较。首先,在不同属性的商品信息中归纳出简洁并具有代表性的信息要点;其次,确定各信息要点之间的关系。这种关系既可以是并列关系,也可以是主从关系,由信息要点的意义性和商品自身特性决定,并包含营销策略的主观因素,它决定了主体形象的选择和视觉语言的逻辑关系。在大多数情况下,同类商品信息要点具有相似性,这就要求设计者在此基础上以消费者的满意需求为准绳,结合自身优点,发掘商品多方面的软价值,重新确立信息要点之间的主次关系。

二、方便实用

包装的科学性和合理性是设计成功的秘诀,由此看来,漂亮却不实用的包装在市场上不可能有竞争力。

在商店的货架上,我们不难发现即使是一根牙签、一块餐巾或一张湿纸巾,许多厂家也都用超高密度低压聚乙烯薄膜包装,而且开口也要方便实用。这样做的目的是提升包装的便利性和品位,满足消费者对商品健康、卫生的普遍要求,如图 3-1 所示的蜂蜜的瓶盖设计。

图 3-1 蜂蜜的瓶盖实用设计

设计师艾比·布鲁斯特现居住在美国纽约布鲁克林区,图 3-2、图 3-3 是她学生时代的设计。布鲁斯特说:"在我大多数的设计里,包装形式要遵从其功能性。我坚信设计应该基于产品的实用性和功能性。了解消费者与产品之间的互动,是创作出有意义设计的关键。这里展示的两个设计都充分展示了这一理念。"

Bridge Street 是一个家族经营的干酪店,位于美国新泽西州的旧蓝波特维尔区。布鲁斯特设计了一系列具有双重用途的手工黏性标签。不仅能作为干酪的包装纸，并且为商家建立了一个与顾客分享乳酪知识的桥梁。在外包装上，干酪制造商可写下每款干酪的特征，并且建议与之搭配的酒水，如图 3-2 所示。

图 3-2　奶酪标签设计

布鲁斯特解释道："包装系统是大规模销售的设计概念中的一部分。在设计时，我更注意那些能影响包装设计的干酪产品元素。例如，我想营造出一种氛围，让消费者在购买后，仍能被吸引并聚集到一起。我把标签看成是制造商家与顾客进行深度沟通的一个契机。Bridge Street 销售理念的核心是产品品种繁多，同时这也为标签设计带来了一定的挑战。因为标签要具有一定的灵活变动性，以便能适应各种大小、形状的产品。这点仅靠少量的研究是不可能解决的。在我买了不计其数的干酪之后，我设计出了一整套不同大小的标签，不仅能包装大块的高德干酪，也能包裹一小片加德干酪。"

图 3-3 的设计作品是布鲁斯特为一个连锁自酿酒吧设计的。Triumph 自酿啤酒在普林斯顿、新泽西、新霍普、费城和宾夕法尼亚都有分店。每家酒吧只出售自己酿的啤酒，所以每家出售的桶装啤酒都与其他家的不一样。布鲁斯特说："如果只抱着尝试某一种常规的啤酒的心态，不妨做好被惊艳的准备。"

图 3-3　啤酒瓶身设计

　　布鲁斯特设计的这一套标签使得每家自酿酒吧都可以出售其他分店的啤酒。她解释道："瓶子是统一大批量生产的,然后再发送到每个酒吧。同时,标签可以区分每家酒吧当下自酿的啤酒,并用手工粘贴到瓶身上。通过运输,每个酒吧还能分享来自其他家的自酿啤酒。当然,手工粘贴标签也带来了一些挑战,这一过程往往要花费很多时间去尝试。"

三、突出商品特征

　　商标在包装上起的是"点睛"的作用,商标形象的建立是产品自身价值的体现。

　　商标名称能提升包装的宣传功能,是产品可靠性的象征。消费者对商标形象越熟悉,商品销售量就越大。对于系列产品,商标应作为包装设计的基础。系列产品有强化标识的作用(图3-4)。

　　视知觉受外界刺激引起兴奋,在大脑皮层留下程度不同的记忆,即视觉印象。这种记忆成为潜意识,不断地在大脑中积累,像信息库一样构成信息网络,一旦需要就会自然浮现,成为参照、比较、判断的标准与依据。它对视觉认知和信息理解起着重要作用,是人认识客观世界的重要阶段。人需要在视觉印象的基础上,对事物的表象及本质、共性和个性有所了解与把握,从而作出反应。鉴于这一特点,应将视觉印象作为评判包装形象的重要标准。视觉印象分第一印象和重复印象两种。

图 3-4 突出商标作用的食品包装设计

1. 第一印象

第一印象也称为第一感觉,往往以视觉经验的形式左右后来的视觉印象。对于每一种新印象,就时间而论,注视的前几秒钟是关键的,因为这段时间视觉感知比较敏锐;就空间而论,整体效果和最先注意到的事物会给人留下深刻的最初印象。因此,第一印象容易在大脑中留下深刻记忆。第一印象把握的是事物的整体特征和显著特征。

包装的第一印象表现为货架效果。成功的包装形象必须具有良好的货架效果,注意独特性和跳动性,力求避免被“淹没”的危险。评价包装形象不能孤立地看它在设计室中的案头效果,而必须检测它在一定销售环境中的货架效果。一般而言,一个主要展销面约为 200cm^2 的包装(如酒盒、食品盒等)应让相距 $3\sim5\text{m}$ 的观众能鲜明地看清它基本的品种类别;而在 $2\sim3\text{m}$ 的距离上,应让购买者看到它的牌号和主体形象。不同的包装应根据其体、面的大小具体把握适当距离的视觉"张力"。

突出包装形象的第一印象单从形式上说,无非从两方面入手:第一,是包装视觉形象自身的鲜明性、视觉效果的典型性。第二,要了解同类商品的包装形象。特定形象的视觉效果不仅同它自身的变化有关,而且离不开所处的特定环境。这种影响某一形象视觉效果的特定环境可以称为这一形象的"视觉场",这一形象的视觉效果是它自身与它的"视觉场"综合作用的结果。例如,一个橘子放在一堆西红柿中间远不及放在一堆香蕉中更具有视觉"张力"。正确处理包装形象与其"视觉场"——货架环境的关系是加强第一印象的主要手段之一。

但是处理一件包装的货架效果,加强其第一印象以区别其他同类设计并不单是视觉形式问题,而首先应当选择产品自身独特的信息表现点,也就是前文提出的"信息要点及其主次关系的定位",使其具有独特形式处理的更大主动性。如果外观近似的商品都以自身作为视觉表现的主体形象,就难以有明显区别。例如,同样为碳酸饮料,可口可乐将标志图案作为信息表现点;芬达以鲜橙形象诱发联想;而雪碧却突出晶亮纯净的品质,因各自具有鲜明的视觉印象而独树一帜。信息定位和货架效果虽是表现系统中的不同环节,但两者是相互关联的,强化其中一方面势必会影响到另一方面。

2.重复印象

视觉第一印象固然重要,但由此得到的客观世界的信息毕竟有限,它是在很短的注视时间里得到的最笼统的初步印象,缺乏对形态、肌理、色彩关系等的深入、细致、具体、本质的了解。此外,由于视觉受环境和主观心理的影响,有时会产生片面的甚至是错误的第一印象。这样的经验使人在取得对象的第一印象之后养成重复审视的习惯。"重复"可以是从不同角度对同一事物的多次审视,也可以认为是多次新的视觉感知。由于视神经受同一事物的反复刺激,所得印象特别全面和丰富,记忆也比较牢固。重复印象的结果是视觉的最终印象。在大多数情况下,只有取得了对象的最终印象,人才会做出判断和行为反应。

现代包装形象大多表现出简洁明快的格调,体现了现代生活节奏和审美倾向,并且符合商业竞争的需要。对于紧张的生活节奏和拥挤的销售环境来说,简洁的"第一印象"效应有利于减轻视觉接受的"负荷",但是,顾客的眼睛不会仅仅满足于唯简为上的视觉形式,也要求获得丰富、新颖的视觉享受,而且对于商品的挑剔态度会迫使顾客多次审视对象,以便在做出判断之前获取足够的信息。如果说第一印象强调"简",而重复印象趋向于"繁"的话,包装形象应该繁简相融。繁简相融不仅是外在形式的数量问题,更是一种变化关系。简而不空洞,繁而不琐碎,这必须通过表现创意来实现。图 3-5 和图3-6是在"繁简"处理上成功的案例,形象鲜明并经得起反复的视觉考验。第一印象可迅速以色彩和形态区别出集中信息的标识主体图案与地纹图案,并且将视线吸引到前者;重复印象将反映所有商品信息。丰满的、富有内涵的图形井然有序地渲染了内容物的品质。

图 3-5　商品包装的繁简处理(一)

图 3-6　商品包装的繁简处理（二）

第二节　包装设计的原则

一、人性化原则

（一）功能体验人性化

包装最基本的功能是包裹、盛装产品以满足保护、储藏、搬运所需。在一些诸如防震动、防挤压、防撞击、防渗漏、防污染、防辐射等基本功能得到规范和保证后，现代包装在使用便利性方面发展出更为人性化的功能。瓶装水（图 3-7）在瓶盖上部添加拉环装置，提供了运动中携带的方便。SUPERDRUG 沐浴啫喱包装出于沐浴时产品安放与拿取便利性的考虑，在瓶盖部分加上了一个钩状装置。

图 3-7　瓶装水拉环设置

便于使用的人性化设计既包括全新功能的添加，又包括既有功能的改良，有时往往体现在一些不易察觉的细节上。例如，易拉罐拉环开口结构由原来的撕裂式改为现在的顶开式，使开启动作更小，用力更轻，废弃物更少（开口部件与容器主体不分离）。又如，Halla Kitty 木糖醇口香糖包装，不但将通常要用两手才能打开的盒盖改为仅以单手拇指推移就能开启的滑盖结构，而且添加了便于悬挂的连接件。以上案例说明，包装功能体验的优化须以"人性根本"为基础，充分考虑各个使用环节的人性化需要。

（二）信息体验直观化

包装视觉传达设计的主要目的是传达信息。商品的类别、特性、安全、使用方式及功能属性方面的相关信息均可为消费选择提供依据，影响消费者对商品的价值判断。明晰、高效的信息传达要依靠合理提炼信息内容，分析信息结构，编排传达流程，同时还有赖于以直观、清晰的视觉表现。如今，信息泛滥正使消费者失去关注的耐心，因此，"注意力经济"理论将注意力看作一种珍贵资源。相对于文字陈述，在日益嘈杂的信息环境中，符号、图表、插图等视觉语言和直观化的创意手法更加有利于赢得注意，促成高效的传达。

包装是众多商品信息的载体。在这个复杂的信息系统中，存在一些对消费选择起特别作用的关键信息。对这些关键信息的提炼和表达是包装视觉传达设计的首要任务，抓住关键信息集中表现往往能直击目标。例如，SCHROEDER 牛奶包装明智地摒弃了在标签上展现奶牛或农场形象，而是将简洁明快、便于识别的文字作为视觉传达的先导图（图 3-8）。关键词"One""Two""Skim"和"Whole"以高纯度的色彩和突出的体量强调这样的信息：1％低脂牛奶、2％低脂牛奶、脱脂牛奶和全脂牛奶。脂肪含量信息通常出现在说明性文字中，或者作为品名的附加标示出现。而在这一设计中，脂肪含量被视作最高层级的重点信息，甚至连品名也让位于它。这一设计的成功之处在于从特定消费行为中提炼了关键信息,并以直观、简练的形式优先传达。

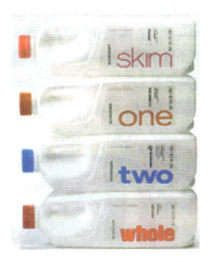

图 3-8　SCHROEDER 牛奶包装

　　Turner Duckworth 洁厕灵容器上有两种显眼的图案。身着优雅小花裙的女性图案暗示一种洁厕灵的清新芳香,而挥舞铁镐的勇猛男士图案则象征另一种产品对污渍、水垢的强力清除功能。这两种图案概括了产品重要的功能特性,意义明确,生动直观,其信息传达效率远胜于文字陈述。除了图案,色彩也很恰当地区分了这两种商品,起到了功效指示作用。SUPERDRUG 沐浴啫喱包装的主体形象是一个由水果变成的淋浴喷头,既传达了产品的功能,又突出了"水果香味"的特点。甚至水果味的不同也可以通过图形来识别。这件设计在对主要商品信息的形象化处理过程中充分调动了消费者的视觉和思维。Aqualiber 水果饮料在 2002 年以新的包装形象展示其健康理念"平衡",新采用的饮料瓶标贴以符号与图像巧妙结合的手法形成一个"平衡图式",直观地传达了主题信息,使顾客通过包装对品牌理念和商品特点一目了然。

　　另外一些以视觉为主导的直观的信息设计不但提高了信息传达的效率,而且使之变为一种能产生乐趣的沟通体验。Mr. Lee 方便面包装别出心裁地将其创始人的面部表情漫画处理后布满整个容器表面。具有体积感的头像强化了这个包装的趣味性。

除了拟人化,该设计更为巧妙之处是利用 Mr. Lee 的面部表情表达不同的口味。在传情达意方面,表情往往胜于言语,来自生活的沟通经验为包装的信息传达提供了灵感。

(三)情感体验角色化

美国的巴里·费格教授指出:情感是营销世界的力量源泉。许多商品的成功是因为与消费者建立了一种情感上的联系,提供了某种无法抗拒和难以替代的情感体验。情感体验是由属于个人的心理反应或精神状态与特定信息、事件或环境互动作用的结果,因此对个人角色身份的关照在情感体验营造中显得十分重要。包装的情感体验营造应该以消费者的身份角色作为主线,定位亲情、友情、爱情的诉求点,利用角色行销(Character Marketing)策略,创造出能代表商品特性和消费需求的角色形象,以战略性的"情感原形"在消费者和商品之间建立沟通桥梁,唤起和满足情感的需要。

亲热感和幽默感是包装情感诉求的两种主要角色类型。亲热感角色传递的是有关爱情、家庭、朋友之间的温柔、和谐、真诚、友爱等情感。幽默感角色使人轻松、愉快、兴奋,能引起注意,平添乐趣。淘气粗糙的东西往往更受孩子们喜欢。TESCO KIDS食品包装采用了表情丰富的卡通眼睛,单纯而生动,仿佛被注入了生命与性格。当目光接触到这一双双神秘"呆萌"的眼睛,了解它、拥有它的欲望自然萌发。FRUITER 饮料针对儿童兴趣专门塑造了动感十足的卡通猫角色。设计师认为,有生命的角色在沟通方面比那些纯装饰性的元素更有效。卡通猫以家族阵容呈现,使类型多样的产品呈现较强的系列感。同时,每个角色都有针对目标,比如"猫妹"专门用来吸引小姑娘的注意。姿态各异、活泼调皮的卡通猫结合亮丽的色彩使各种口味的商品增添了性格上的差异。雀巢公司 CARLOS 块糖包装则对角色表情进行了调整。张扬的人物表情使 CARLOS 国王品牌形象更具活力。

(四)形象体验愉悦化

　　"读图时代""视觉消费时代"等新概念意味着商品终端展示的形象越来越重要。购物越来越像娱乐活动,超越物质功能之上的精神愉悦和艺术审美渗透在日常的消费选择中。形象是主体在一定的知觉情境下,以一定的知觉方式对客体的感知以及由此形成的心理图式。形象化成为体验消费的特点。娱乐形象、时尚形象和艺术形象的引入,能丰富形象体验,营造精神愉悦,从而有效地提升商品的附加值,刺激消费。

　　娱乐的本质是对"全新感知、体验与理解"的追求和对创造本能的满足。娱乐因能提供现实之外的美好体验而具有极大的吸引力。娱乐业巨头迪士尼公司旗下的明星如"POOH"(小熊维尼)、"MICKEY MOUSE"(米奇老鼠)、"SNOW WHITE"(白雪公主)、"DONALD DUCK"(唐老鸭)等系列卡通形象衍生出的商品遍及数码电子、服装、文具、饮食等数十个行业,畅销全球。这些家喻户晓的形象在包装上的应用也意味着极大的商机和利润,原因是它们可以引起"快乐、幸福、安全、轻松"的感觉。这类设计中,体现幼年特征、动物拟人化和表情戏剧化的卡通造型往往是包装的主体形象。例如,与一般清洁用品的索然无味不同,Superdrug品牌采取了令人愉悦的方式来包装塑胶手套。手影游戏以智慧、轻松的形式带来了参与游戏的快乐,巧妙地表达产品的护手特性。除了以平面形式展现,其卡通图形还结合包装结构的特殊性:马桶清洁剂与清洁布的趣味包装令人印象深刻。"奇峰欢乐鼠仔抛光豆"包装则在容器顶盖设计上采用了具象手法,极易引起儿童的注意和兴趣。

　　时尚意味着紧跟潮流不断变化形象。对于大众消费品来说,流行与时尚是重要的价值取向。和SWATCH一样,FOSSIL将时尚概念引入手表品牌的塑造。不同的是,FOSSIL尤其重视以其特殊的包装方式——铁盒来营造时尚趣味。副总经理兼形象总监Tim Hale敏锐地感觉到,借由时尚的包装,可以促成FOS-

SIL 手表的冲动性消费。通过时尚的造型和画面，Tim Hale 使逐渐远离人们视线的铁盒包装重新焕发活力。起初以具有怀旧色彩的"美国主题"为表现重点。当注意到这种视觉性很强的铁盒包装具有潜在的纪念性和保存价值时，Tim Hale 开始考虑怎样使它更令人不舍丢弃并主动追求。设计小组不断推陈出新，使FOSSIL 手表每年有 75～100 款体现时尚元素的新包装问世。FOSSIL 手表连同其包装一起，成为一种不断提供新鲜感的时尚收藏品。

艺术形象为商品包装提供最重要的感观体验。苏珊·朗格认为艺术能表现更为广义的情感，能够提供感觉的概念。使用价值只是商品印象的一个方面，诸如"清新典雅""古朴淳厚""华丽高贵"这些美的意象能够充实消费者对商品的心理感受。包装的艺术性和审美品质对于某些商品极为重要，如化妆品。外观夺目的包装为这些无形的商品注入精神和文化内涵。对艺术风格与审美趣味的追求方式是随时代发展不断变化的，包装形象应体现这种变化以保持生命力。例如，20 世纪 80 年代的老包装使TSAR 男性香水的形象逐渐老化，通过挖掘容器材质和造型的表现力，新包装树立了 TSAR 顶级奢侈品的形象。

二、可持续性原则

"3R"原则（the rules of 3R）是减量化（reducing）、再利用（re-using）和再循环（recycling）三种原则的简称。其中减量化是指通过适当的方法和手段尽可能减少废弃物的产生和污染排放的过程，它是防止和减少污染最基础的途径；再利用是指尽可能多次以及尽可能多种方式地使用物品，以防止物品过早地成为垃圾；再循环是把废弃物品返回工厂，作为原材料融入到新产品生产之中。在"3R"原则中，各原则在循环经济中的重要性并不是并列的。按照 1996 年生效的德国《循环经济与废物管理法》，对待废物问题的优先顺序为避免产生（即减量化）、反复利用（即再利用）和最终处置（即再循环）。

　　包装可持续性的意义主要在于加强对包装生产的管理和包装废弃物的回收、处理。尽管包装的发展过程存在着各种各样的指责的声音，如包装废弃物将破坏环境，包装诱使过度消费等。但是，世界公认的包装的三种作用变得越来越明显，即包装在经济发展中的中心性，包装的环境保护责任性和致力于改善人类生存条件的技术创新性。

　　研究商品包装可持续性概念，其目标是寻求商品包装的正确选用和开发，而最终目标是寻求商品包装的合理化。所以商品包装的合理化理论是研究商品包装使用价值的重要内容。根据商品包装使用价值的理论，商品包装合理化所涉及的问题包括社会法规、废弃物处理、资源利用等。

　　将包装用后即弃是不符合道德的，同样，不可回收的包装设计也是不符合道德的。可回收的包装设计，就是运用可持续标准的设计，在试图确定新的可持续包装设计战略框架时，需要先评估所涉及的所有变量，并确定它们是如何对整体的设计框架作出定义的，这非常重要。

　　纸包装废弃物的综合利用是防止环境污染的基本原则和重要措施，也是解决包装污染问题最积极、最有效的方法。包装废弃物的回收利用，既起到保护环境、防止公害的作用，又能解决包装资源短缺的问题，因此，应积极开展纸包装废弃物的回收利用工作，寻求更好地改善环境的途径。图 3-9 为一款 Puma 手提鞋盒的环保包装设计。

图 3-9　Puma 手提鞋盒的环保包装设计

开发、生产和销售一系列可堆肥的食品包装,这将使市场能容纳更多的处理器,以此来实现包装更环保的转变。

堆肥是指利用多种微生物的作用,使植物有机残体矿质化、腐殖化和无害化,使各种复杂的有机态的养分转化为可溶性养分和腐殖质。制作堆肥的材料包括不易分解的物质,如各种作物秸秆、落叶、蔬菜垃圾等;还包括促进分解的物质,一般为含氮较多和富含高温纤维分解细菌的物质,如草木灰、石灰;也包括吸收性强的物质,如在堆积过程中加入少量泥炭、过磷酸钙或磷矿粉,它们可防止和减少氨的挥发,提高堆肥的肥效。

可降解塑料袋一般是指生物塑料袋。全球生物塑料包装的消费量在 2010 年达到 125000 吨,其市场价值为 4.54 亿美元。我们要提倡用生物塑料来改革塑料包装,因为生物塑料利用的是可再生资源,且具有可再生性,这种环保特性使其可很快成为石油塑料的替代品。生物塑料的资源来源十分丰富,全球 60 亿人所需的农作物产生了大量的副产品,这为生物塑料的发展提供了巨大的潜力。

以玉米为原材料的聚乳酸,有非常多的用途(从坚固的包装到薄薄的胶片),它可以被有效地处理,并且在几个月里完成降解。另一种生物材料——胚,是由玉米淀粉构成的,同样可以用于各种强度的包装,同时由于这种材料溶于水,因此它不仅能降解,还可以用水溶解。

但生物包装和石油包装一样,在回收中也会存在这样一个问题,就是可能会被其他接触到的材料所污染,如塑料、纸板、金属线和结合剂等。由于设计师很少考虑到这些,导致很多塑料都不能被回收,同时塑料隔离的花费又太高。塑料废品回收机构应该向设计师提供包装设计过程中所需要的回收信息,从而使回收机构能够有效地收集,并提高成功率。在塑料包装的设计上,还可以标记上适当的符号,让想要回收利用的人知道如何去做,使得塑料能够被较容易地分离。

生物塑料还存在一些其他问题:如价格问题,现阶段生物塑料的价格比普通塑料要高两三倍,这阻碍了此类材料的迅速普及,不过,一旦生物塑料进入批量生产阶段,成本可大大下降。另外还有全球变暖问题,因为生产生物塑料会产生二氧化碳,导致全球变暖。同时,生物塑料所采用的原材料是农作物,为促进发酵,生产商采用的往往是转基因生物,而目前人们对转基因材料的安全性还存在疑虑,并且回收利用这种塑料的技术也存在一些缺陷。虽然消费者对生物塑料的使用意识日益增加,但多数消费者还不懂得如何辨别这些材料,对生物降解材料的最佳处置办法也了解甚少,因此加强宣传也很重要。

三、实用性原则

商品包装设计的原则有很多,其中实用性是最重要的。商品包装要解决的最根本的问题就是要实用,简而言之,即实在、好用。商品包装实用性主要体现在包装的造型、材料、重量等。

不同的商品可能需要不同的包装材料。在进行包装设计时,首先要充分考虑商品的运输、使用等问题,如何使搬运更方便、商品保护更得当、造型更舒适,这才应是设计者的初衷,而不应首先设计包装的图案、创意,由此可见商品包装实用性的重要性。如图 3-10 所示的牙签盒,就是注重实用与便捷功能的按压式设计。

图 3-10　自动牙签盒

实用性的包装设计,在版式设计上较为规矩,以方便消费者查看产品的信息为主要目的,既要全面地介绍产品,又不能过于杂乱或分不清主次,需要有一定的秩序性,如图 3-11 所示。

图 3-11　产品包装的秩序性

上图中按实用性原则设计的版式设计以垂直式的版式排列,按照产品的主次要信息,依次进行排列,具有一定的顺序。包装上用数字标明顺序,更具有一定的秩序性和整体性以及明辨度。不同数字的产品采用不同的色块注明信息,不易混淆。包装整体造型采用常规型的瓶装,材料采用符合国家规定的医药类产品包装材料。整体简约严谨,使用方式简便易操作。

四、商业性原则

商业性原则是商品包装设计非常重要的原则之一,是商品企业实现其商品价值的根本手段。从营销学的角度来看,实现商品的销售价值才是商品企业的目的。

由于包装是依附于产品之外的,商品本身无法进行很好的展示,因此产品的特点、功能、质量就可以通过包装设计来体现。如何快速、直接地引起消费者的购买欲是商品企业一直在优化的环节。

简单来说,商业性原则是以盈利为最终目的的。在包装设计上追求奇特的造型、震撼的广告语、突出的色彩搭配等,以吸引消

费者进行购买。商品品牌的价值和力量,不仅体现在商品本身,
也需要体现在包装设计上,如图 3-12 和图 3-13 所示。

图 3-12　香椿芽食品包装

图 3-13　面包食品包装

以透明式或半透明式包装直接展示产品,可以满足顾客心理
上对商品的质量、花样、色泽等方面的考量,使商品在包装后依然
可以满足消费者求实的心理诉求,给消费者带来安全感,使其更
具说服力,如图 3-14 所示。

图 3-14　茶叶包装

　　若要引起消费者的购买欲,首先要给消费者以安全实用感。如图 3-15 所示的包装是一款农副产品类的肉类包装。作为食品包装设计的一种,更应该深入人心,抓住消费者购买产品时的消费心理。基于食品安全是人们购买时最大的考虑要素,包装采用镂空式,让消费者可直观地看到产品。包装采用镂空式牛的造型,根据不同的种类,采用该种类的造型,使用纸质包装,具有原生态性,让人产生看得舒心、吃着放心的感受。

图 3-15　食品包装

　　劳伦·罗杰斯 2009 年毕业于澳大利亚布里斯班的昆士兰艺术学院,专业是沟通设计,主要专攻数码设计。作为一个平面设计师,她既在公司任职过,也做过自由职业者。这里展示的是她为一个学术项目所设计的包装概念。"Savian Soap Co. 是一个天然香皂品牌，需要重建其品牌形象，提高品牌在当前市场的地位。"罗杰斯说，"使用清新的颜色色调，现代的字体、简洁的设计，并慎重选择包装材料，以此重塑品牌形象；使得品牌更具时代感。"如图 3-16 所示为 Savian Soap 的香皂包装。

图 3-16　Savian Soap 香皂包装

在对知名的肥皂品牌进行了一番研究之后，设计师首先明确了目标顾客。样式和图案的设计也要营造女性、有机的品牌质感。选择清爽、明亮的颜色来表达每个产品的天然属性，同时也能传达出整个品牌的感觉。彩色的内置盒子让亮色与包装巧妙地结合在一起，同时也是对外包装的颜色的补充。从外侧只能看到一抹彩色，直到打开盒子，盒子的全部色彩才展现在眼前。采用内置盒子和滑动外壳包装的意义在于，顾客可以很容易地打开盒子，看到肥皂，同时又不会破坏包装。

每个盒子都是手工裁剪折叠的。设计盒子的工艺从盒子啤线的设计开始，罗杰斯分别设计了内置盒子和外侧包装的啤线。再从印刷测试，盒子的打样测试，检测盒子的大小与形状，直到与外侧的包装完美结合。确定正确的内盒原料需要通过很多次的测试,因为要确保内盒有足够的分量能支撑盒子自身的形状,并且也能保持外侧包装的形状。选择的纸张原料要厚实、有肌理纹路,并且不那么光滑,这样能体现出品牌的有机质感。纸张原料也要能渗透肥皂的香气,并且能很好地吸收油墨。

带有肥皂信息的吊牌是用有机棉绳捆绑在盒子上的,为包装提供了另一抹亮色。

五、便利性原则

商品包装设计的便利性原则是最易理解的原则。商品从出厂到运输,再到消费者手中,经历了"九九八十一难",外包装的安全、便利是消费者最需要的。

符合便利性原则的包装设计主要体现在商品的包装外形上,比如,在搬运、拿、握或者携带商品时,会产生一定的舒适感、轻便感。

在实际购买商品时,很多时候会遇到商品太重、拉手设计不合理、拎着商品手很疼的问题。因此,通过对这些商品包装位置进行巧妙的设计处理,可使消费者在购买商品之后感觉更舒服。在进行设计的同时,可以突出商品本身的特点和特色,设计出产品本身的品牌创意。

包装的外形是包装设计的一个主要方面,外形设计无论是在生理层面还是心理层面都能给人带来不一样的影响。如果外形设计合理,不仅可以节约包装材料,降低包装成本,而且会给人带来一定的视觉美感体验,还能给消费者带来便捷。

在包装上增加了一个提手(图3-17),方便消费者携带,使用者可直接携拿。若减去提手,则需要另外增加外包装,进行双层包装,如此一来,便增加了经济成本。采用手提式不仅节约了成本,省去了外包装,其造型也具有设计感,能给受众带来不一样的视觉体验,十分便捷新潮。

图 3-17　带提手的包装盒

六、艺术性原则

商品包装的艺术性原则,是随着人们购买实力的增强而愈发凸显的需求。它在最初的商品包装阶段,几乎是不存在的。艺术性原则的重要性在于它不是商品品牌的灵魂,而是商品品牌的催化剂。

现在设计已经走进了每个家庭,加之年轻人购买力的增强,人们已经厌烦了普通的商品包装,比如,缺乏新颖、造型老土、颜色单一的设计,而标新立异、个性独特、独一无二的设计是当前和今后的发展主流。现在商场中琳琅满目的商品外包装造型、绚丽多彩的包装色彩,都是为了吸引消费者产生购买欲,消费者可能由于外包装设计的艺术性更强,而选择某件商品。包装设计的艺术性原则应体现在包装的外形、色彩、文字等部分。

艺术性原则的包装设计大多选用特殊的材料,在花哨普通的纸质材料包装中自成一派,有着极强的识别性和文化韵味。

采用特殊自然材料作为外包装,利用大自然所赋予的未经雕琢的自然形态肌理,传递出不同的心理感受,具有强烈的视触感,使人与书更好地进行情感交流。与普通的纸质材料相比,其艺术品位是不言而喻的。在保护书籍方面,采用此种材料也略胜一筹,不易被撕裂、破损,如图 3-18 所示。

图 3-18 充满艺术性的笔记本

七、内涵性原则

社会经济不断发展,人们的物质和精神文化水平不断提高。包装设计一方面起到了实用、商业、便利、艺术、环保等作用,而另一方面也需要有其特定的内涵。商品的内涵可以增强消费者对于商品的认识和理解,对品牌的定位、发展、未来有更深远的认识。合理的内涵性包装设计,可以增强消费者对商品的信任感,建立良好的品牌认知。因此,商品包装的内涵性原则对于商品本身有着深远的意义。

比如,在进行商品包装设计时,可以更多地挖掘商品的地域文化、民俗特色、品牌意义,如图 3-19 和图 3-20 所示。而不是一味地通过使用更昂贵的包装材料、更复杂的包装工艺来哗众取宠,因为这些都是商品的外表而非内涵。

图 3-19 富有民族特色的食品包装—傣族红糖

图 3-20　富有民族特色的食品包装—枣

色彩的运用最容易引起消费者的注意。视觉上的冲击性最能展现产品的文化特性,不同色彩的运用会让人产生不同的视觉感受,色彩要素能够使人领会到千变万化的文化信息,可以使人产生一定的联想并有着独特的象征意义。除此之外,不同的国家对于色彩的象征含义也是千差万别的。如白色在中国有不吉祥的文化含义,而在西方则是纯洁、美好的象征。

图 3-21 是一款日本清酒的包装设计。圆形的底部使它可以自动恢复到原始站立位置上。其设计理念即为"永不放弃",就像这个始终站立的酒瓶一样。该酒瓶被设计成优雅的白色,白色象征正直和纯洁,标签的红色象征真诚和热忱。日本人忌讳绿色,认为绿色是不吉祥的颜色。

图 3-21　日本清酒包装设计

第三节 包装设计造型的形式美法则

一、以人为本

设计师在设计一个物品时,主要考虑两方面的因素:包装的形式或外形,以及这个形式或外形的人机工程学。形式是指物品的外观,以及它所讲述的故事。而人机工程学则关系到如何设计产品才能使用户的使用效率最大化,并且减少用户的负担。

(一)外形与叙事

包装可以被设计成许多不同的形式,而且包装的形式有助于品牌建立传播信息的叙事。随着不同材料和成型工艺的普及,设计师在创造物质层面和审美层面都能反映品牌核心特征的包装时,享有很大程度的自由。包装不仅可以保护产品,促进它的物流运输,还能为品牌做更多的事情。

包装的形状通常是品牌叙事的一部分,或者以与品牌叙事相协调的面貌出现。比如,曲线是感性的暗示,而直线则是现代性的暗示。设计包装外形的灵感可能来源于历史资料和研究,像Marmite品牌的例子;也可能从无甚关联的事物中发现契机,比如Chanel品牌的香水瓶设计;创造性地应用外形与形式,能帮助一个品牌从竞争激烈的零售环境中脱颖而出,尤其是像瓶装水、香水和化妆品这些通过产品本身很难与其他品牌进行区分的品牌。

Kavernia&Cienfuegos设计公司为RNB Laboratories品牌这一面向大众消费市场的系列产品设计了包装,该系列产品由西班牙连锁超市Mercadona独家代理。产品线与保健、运动和锻炼等概念有关,因此包装被设计成了与人体肌肉相似的形态,以强化这些概念。此外,所有100毫升和200毫升体积的容器都被设计成了符合人机工程学的外形,人手握起来既方便又舒服,如图3-22所示。包装采用柔性塑料制造,瓶身十分坚固,适合放在运动袋中。

图 3-22　RNB Laboratories 品牌产品

(二)外形与人机工程学

人机工程学是指在人们消费产品的时候,能使设计的包装适合或有助于人与产品之间进行互动的一门科学。除此之外,它还使产品在分销链中更加便于处理。人机工程学设计能使产品使用起来十分舒适,而且降低导致任何事故、伤害或不适的概率,比如导致人体的重复压迫性损伤。

因此,人机工程学是研究人与物理对象之间如何产生互动并努力改进产品设计的科学。它能使这些互动更加舒适,并能在优化人体健康状况的同时,促进产品的生产。

在包装方面,为了在人体与产品之间创造更加和谐的交互效果,设计师经常沿用人机工程学的原则。例如,横切纸板把手的出现使12支装的啤酒包装更加容易搬动。根据用户手指形状塑造出凹槽的瓶装洗涤剂把手,是另一个将人机工程学巧妙地应用到设计中的好例子。

Stromme Trondsen 设计公司为挪威瓶装水品牌 Lofoten 设计了包装(图3-23)。该设计的长宽比例很是悬殊,高而纤细的瓶身使产品与那些长宽比例不太悬殊的竞争产品区分开来。此外，极简主义风格的瓶身还拥有一个独特的蓝色瓶盖，瓶子的外形能使用户忍不住主动探索该产品。

图 3-23 挪威瓶装水包装

伏特加酒瓶(图 3-24)是概念设计的代表，由 Samal 设计机构的俄罗斯设计师德米特里·西莫尔设计。它是一个将包装设计做到简洁的突出例子，产品的包装和形式融为一体，它们共同讲述了品牌的故事，而无须标签做多余的解释。在这个概念中，品牌是由酒瓶的形状建构的，呈现出来的是由清澈晶莹的玻璃制成的一堆冰块。西莫尔说："我们的目的是创造一个杰出的酒瓶，它要显得简单、独特而又现代，而这也是伏特加的主要特质——鲜冽。"

图 3-24 伏特加概念酒瓶

二、形式与元素

在进行设计时,如何选择形式和元素,确实关系到了一个设计概念如何转化成现实。设计师要做许多关于材料和设计元素的决策,才能最终实现设计。概念是针对设计工作重心的,可以通过许多方式来诠释和实施。需要在设计阶段选择的形式和元素,包括用文字、图像和插画精心制作的信息,它们被用于传达品牌概念的整体思路。

形式和元素的设计,也包括制订并检验不同的传播策略和技巧,直到发现有效的方法为止。随着设计的推进,概念本身也会被进一步细化和改进,因为设计团队渐入佳境之后,可以更好地理解任务,知道如何成功地达到目标。

为了得到真正符合设计概念的解决方案,保持灵活性和创造性在设计阶段是至关重要的。而且,设计师还可以充分利用材料范围不断扩展所带来的可能性,以及图像开发软件带来的便利。

拉姆斯在 1960 年为 Vitsoe 公司设计的 606 通用搁架系统,是公认的永恒而灵活的一件设计。设计以样件工艺为基础,服务于用户特殊的储存要求,并且通过实践实现了拉姆斯"少,却更好"的工作宗旨。这个搁架系统还是储存其中的物件的组成结构和包装。它的模块化带给了用户最大限度的灵活性,并通过合适的配件创造了他们所需要的存储空间。设计的目的是简化存储的概念。

拉姆斯的十个原则也适用于包装设计,因为这些原则能够革新产品,使产品更有用处。比如,包装应该具有美感,应该能够帮助我们更好地理解产品;包装必须是诚实的,并且关心环境;……。这十个原则还有助于防止包装严重偏离品牌概念。

而关于包装是否应该历久弥新,是否应该谦逊的问题,还可以继续进行公开讨论,这在很大程度上取决于需要包装的产品种类。乔纳森·山德斯认为进行前期市场测试很有必要,这能确保包装有自愿的受众。但情况也很可能是这样的:其实消费者并不太清楚他们到底在寻找什么,直到有人向他们展示了一些新东西为止。

看看其他市场中正在发生什么事情,也有助于找到包装设计的新思路和新方法,比如看看欧洲、北美洲的情况。正如山德斯所建议的:"你的包装应该与众不同,形成它自己的品牌资产,拥有强烈的个性和态度。"

第四章　包装设计的设计材料与方法

随着人们社会生产实践的不断加深和更新,对包装的材质要求也就更加严格。对包装材料的选择会更加明确,使其运用到产品中产生特定的设计理念。本章第一节主要研究常用的包装材料与应用,第二节主要研究包装设计的基本方法。

第一节　常用的包装材料与应用

在包装设计中,包装材料的使用大多要符合美观、经济、适用性强的原则。包装材料是商品包装的基础,因此应该对不同的包装材料进行综合分析,研究包装材料的具体应用。

一、纸

(一)白板纸

白板纸有灰底和白底两种,质地坚固厚实,纸面平滑洁白,具有较好的挺力强度、表面强度、耐折和印刷适应性,适用于做折叠盒、五金类包装、洁具盒。也可以用于制作腰箍、吊牌、衬板及吸塑包装的底托。由于它的价格较低,用途最为广泛。

(二)铜版纸

铜版纸分单面和双面两种。铜版纸主要采用木、棉纤维等高级原料精制而成。每平方米在 30 克至 300 克左右,250 克以上称为铜版白卡。纸面涂有一层白色颜料、黏合剂及各种辅助添加剂组成的涂料,经超级压光,纸面洁白,平滑度高,黏着力大,防水性强,油墨印上去后能透出光亮的白底,适用于多色套版印刷。印后色彩鲜艳,层次变化丰富,图形清晰。适用于印刷礼品盒和出口产品的包装及吊牌。克数低的薄铜版纸适用于盒面纸、瓶贴、罐头贴和产品样本。

(三)胶版纸

胶版纸有单面与双面之别,含有少量的棉花和木纤维,纸面洁白光滑,但白度、紧密度、光滑度均低于铜版纸。它适用于单色凸印与胶印印刷,如信纸、信封、产品使用说明书和标签等。在用于彩印的时候,会使印刷品暗淡失色。它可以在印刷简单的图形、文字后与黄版纸裱糊制盒,也可以用机器压成密瓦楞纸,置于小盒内做衬垫。

(四)卡纸

卡纸有白卡纸、玻璃卡纸和玻璃面象牙卡纸三种。白卡纸纸质坚挺,洁白平滑。玻璃卡纸纸面富有光泽。玻璃面象牙卡纸纸面有象牙纹路。卡纸价格比较昂贵,因此一般用于礼品盒、化妆盒、酒盒、吊牌等高档产品包装。

(五)牛皮纸

牛皮纸本身灰黄的色彩赋予它朴实憨厚感。因此只要印上一套色,就能表现出它的内在魅力。由于它的价格低廉、经济实惠等优点,许多设计师都喜欢采用牛皮纸作为包装袋的材料(图4-1)。

(六)艺术纸

艺术纸是一种表面带有各种凹凸花纹肌理的,色彩丰富的艺术纸张。它加工特殊,因此价格昂贵。一般只用于高档的礼品包装,增加礼品的珍贵感。由于纸张表面的凹凸纹理,印刷时油墨不实地,所以不适于彩色胶印。

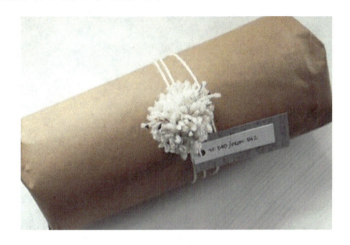

图 4-1　牛皮纸包装材料

(七)再生纸

再生纸是一种环保纸张,纸质疏松,初看像牛皮纸,价格低廉。由于它具备的优点,世界上的设计师和生产商都看好这种纸张。因此,再生纸是今后包装用纸的一个主要方向。

(八)玻璃纸

玻璃纸有本色、洁白和彩色之分。玻璃纸很薄但具有一定的抗张性能和印刷适应性,透明度强,富有光泽。用于直接包裹商品或者包在彩色盒的外面,可以起到装潢、防尘作用。防潮玻璃纸还可以起到防潮作用。玻璃纸可与塑料薄膜、铝箔复合,成为具有三种材料特性的新型包装材料。

(九)黄版纸

黄版纸也称草板纸,是以稻草浆为原料制成的。草纸板外观要求纸面平整,不允许有翘曲。黄版纸厚度在 1~3 毫米,有较好的挺力强度。但表面粗糙,不能直接印刷,必须要有先印好的铜版纸或胶版纸裱糊在外面,才能达到装潢的效果。多用于日记本、讲义夹、文教用品的面壳内衬和低档产品的包装盒。

也可用来加工各种纸盒和作为纸隔板皮箱的衬(图 4-2)。

图 4-2 黄板纸包装材料

纸张包装材料易受潮、易发脆,受到外作用力后易于破裂,所以,在设计包装时,一定要充分发挥纸的优势,例如,纸的原料充沛,价格低廉;纸有一定的强度和耐冲击性、耐摩擦性;纸有良好的成型性和折叠性;纸容易回收、再生、降解,废物容易处理等这些优点,避开它的弱点,使设计达到最佳的实用功能和视觉效果。

(十)浸蜡纸

浸蜡纸的特点为半透明、不黏、不受潮,通常用于香皂类的内包装衬纸。

(十一)铝箔纸

铝箔纸用于高档产品包装的内衬纸,可以通过凹凸印刷,产生凹凸花纹,增加立体感和富丽感,能起到防潮作用。它还具有特殊的防止紫外线的保护作用,耐高温,保护商品原味和阻气效果好等优点。可延长商品的寿命。铝箔还被制成复合材料,广泛应用于新包装。

（十二）箱板纸

箱板纸又称瓦楞纸，它的用途广泛，可以用作运输包装和内包装。瓦楞纸板（图 4-3）是包装领域中应用最多的材料，它是由瓦楞原纸加工而成的。制造时先把纸加工成瓦楞状，然后用胶合剂从两面将其表面黏合起来，使纸板中层成空心结构，这样就能使瓦楞纸板有较高的强度和缓冲性能。瓦楞纸板可按需要加工成单层板、双层板、三层板或多层板。

图 4-3　瓦楞纸板示意图

单楞双层瓦楞纸板又称单面瓦楞纸板（图 4-4），在进行制作时是在一层瓦楞芯纸表面黏上一层纸板。通常应用于陶瓷器皿、灯管、玻璃等包装上，作为一种缓冲包装性材料。

图 4-4　单楞双层瓦楞纸板

单楞双面瓦楞纸板（图 4-5）由一层瓦楞芯纸和两层面纸贴合在一起，通常作为内箱、展销包装和一般运输包装。

图 4-5　单楞双面瓦楞纸板

双楞双面瓦楞纸板（图 4-6）由两层瓦楞芯纸、一层夹层和两层面纸组成，在中央层可以用纸板、瓦楞原纸或薄纸板。这种通常应用于包装体积大、重量大的物体，在运输包装中占有很大的比重，它能够承受重物各个方向的作用力。

图 4-6　双楞双面瓦楞纸板

三楞双面瓦楞纸板（图 4-7）是由三层瓦楞芯纸、二层夹层和二层面纸贴合而形成的瓦楞纸板，主要应用于制作重型商品包装箱，包装大型电器、小型机床及塑料原料等。

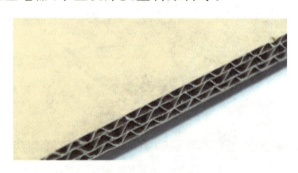

图 4-7　三楞双面瓦楞纸板

超强瓦楞纸板 X—PLY（图 4-8）是将三层瓦楞芯纸以纵横交替排列的方式与纸板黏结，制成的一种七层瓦楞纸板。受三层胶合木板的启发，中层瓦楞与两面瓦楞向呈垂直排列，不适合机械自动化生产。

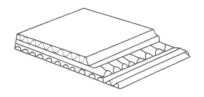

图 4-8　超强瓦楞纸板 X—PLY

强化瓦楞纸板（图 4-9）是在两层瓦楞原纸之间涂上一层热固型树脂，这种瓦楞纸板楞型坚挺，比普通瓦楞纸板的平压强度高出四倍，适用于饮料、药品等包装设计中。

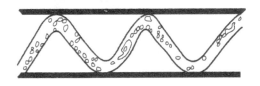

图 4-9　强化瓦楞纸板

二、玻璃

玻璃的基本原料是石英石、烧碱和石灰石。这些原料在高温下熔融，经冷却后即形成透明体，被称为玻璃。由于玻璃的化学性能稳定，使其能抵抗气体、水，酸液、碱液和其他溶剂的侵蚀。玻璃具有一定的抗压强度，透明度好，但易受紫外线照射而影响包装物。因此，要在制造时加入特定颜色以防止紫外线的透入。

玻璃的抗冲击力差，不宜用于易碎、易跌落的场合。流通过程中还要求有防震、防压、防撞等措施。玻璃在包装材料中占有相当重要的位置。这是因为它具有耐风化、不变形；造型别致、色彩多样，耐热、耐酸、耐磨；适合于包装任何液状产品；便于洗刷、消毒、灭菌，能保持良好的卫生状态；可回收利用，降低成本等其他材料所不具备的优点（图 4-10）。

图 4-10　玻璃包装

三、塑料

塑料是指具有可塑性的高分子材料。塑料在加热、加压的情况下具有流动性,在外力的作用下进行冷却、变成固体从而形成各种形状,在正常情况下保持形状不变,这就是塑料的可塑性(图4-11)。

图 4-11　塑料包装设计

塑料包装材料按照用于包装上的形式不同,还可以分为塑料薄膜和塑料包装容器两大类。塑料薄膜的防水性强、强度高,具有很强的阻隔性,在许多产品的包装中作为内层包装材料和生产包装袋的材料进行应用,在包装设计中使用得比较广泛。塑料包装容器是以塑料为基材制造出的硬质包装容器,可以取代木材、玻璃、金属、陶瓷等传统材料的包装容器。

塑料容器可以是刚性或半刚性的,也可以是透明或半透明的。主要用来包装液体或半流体,如洗涤剂、化妆品、食品、饮料、调味品等。具有质量轻、强度高、便于携带、不易破碎、耐热等特点,柔韧性几乎超过其他所有包装容器。

注塑成型又称注射成型或注射模塑,是热塑性塑料的一种重要成型方法。如图 4-12 所示为注塑成型示意图。

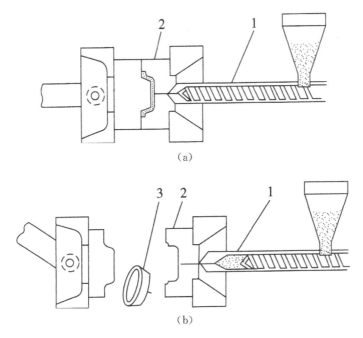

(a)

(b)

图 4-12　注塑成型示意图

四、金属

(一)镀锌与镀锡薄钢板

镀锌薄钢板又叫白铁皮,经过热镀锌处理,使钢板表面镀上厚度 0.02mm 以上的锌保护层,以此提高钢板的耐腐蚀能力。用它制成的盒、桶等包装容器不再需要进行防腐处理。它还具有良好的耐弯曲和防冲击能力。镀锡薄钢板又叫马口铁,主要的制罐抗张强度为300~500MPa,常用于树脂化工原料、油脂和涂料等方面的包装。

(二)铝箔

铝材是钢以外的另一大类包装用金属材料。由于它除了具有金属材料固有的优良阻隔性能、气密性、防潮性、遮光性之外,还有许多其他特点,所以在某些方面已取代钢质包装材料。近年来,铝材在包装方面的用量越来越大,铝质包装材料主要有纯铝板、合金铝板、铝箔和镀铝薄膜等。

铝箔是金属箔中用途极广的一种包装材料。它是采用纯度在99.5%以上的电解铝,经过压延制成的厚度在0.2mm以下的金属膜。它的优点是:重量轻、运输方便、遮光性好;对热和光有较高的反射能力;有金属光泽,不透气,无毒无味,不易产生公害,因而能防止由于被包装物的吸潮、氧化和挥发而变质。铝箔能和纸及其他塑料薄膜复合成为良好的复合材料。铝箔的缺点是易撕裂,强度低,不耐碱,怕强酸,易弯曲。铝箔用途极广,作为包装材料可用于食品、轻工、精密仪器、机械工具、钟表零件等。

铝箔在包装领域中具有十分广泛的应用,常用于包装糖果、香烟、食品、药品等。通常与其他包装材料复合使用提高包装材料的阻隔性能,充分发挥各自的长处,取得最佳的包装效果。在包装中应用铝箔具有以下特性。

1.安全性

金属铝无味、无臭、无毒,因此铝箔在食品包装行业得到了广泛的应用。

2.机械特性

用作包装的铝箔强度较差、延伸率小。铝箔厚度为0.007~

0.012mm,其拉伸强度为 40～50MPa,延伸率为 1.5%～2.7%;即使将铝箔的厚度增加到 0.05mm,也难有令人满意的机械特性。因此,一般铝箔不单独使用,而是与其他材料配合或制成复合材料使用。

3. 针孔特性

一般认为铝箔是无孔的,然而事实并非如此。随着铝箔厚度的减小会出现不同数量的针孔,并且随厚度的减小,针孔迅速增加。例如当铝箔厚度为 0.009mm 时,针孔为 400～500 个/m²;厚度为 0.007mm 时,针孔可达 1000 个/m² 以上,这是铝箔的缺点之一。

4. 透湿性

一般地说,铝箔具有优良的防湿性能,但是铝箔的防湿性和防水性与铝箔的针孔数有着密切的关系。均匀分散的针孔,增加了铝箔的透湿效应。

5. 保香性和防臭性

保香性和防臭性是防湿性之外的重要特性,用于食品包装尤为必要。保香和防臭性能与透湿性相似,取决于针孔数量的多少。

6. 光反射性和散热性

铝箔有悦目的银白色金属光泽,是铝箔在包装中成为重要包装材料的原因之一。它的热传导率很高、散热性优良。此外,由于铝箔的热膨胀系数较小,因而成为较好的复合材料基材。

7. 化学特性

铝箔的原始材料是铝金属,一般纯度为 99.4%～99.7%。而制造铝箔需要的纯度应在 99.7% 以上。出于安全的需要,要求铝箔含 Fe、Si 总量要低于 0.7%；含 Cu 量应低于 0.1%。另外，铝箔的耐腐蚀能力也是有限的，一般情况下在 pH 为 4.8~8.5 范围内是安全可靠的，如超过这样的范围，就必须采取涂敷保护层的措施。实际上，即使在 pH 为 4.8~8.5 的范围内，也常加涂保护层来增强铝箔的耐蚀能力，以保证应用的安全性。

五、木材

（一）木质材料

树木的种类与包装常用材树木的种类都很多。按树叶形状不同，主要分为两大类：针叶材和阔叶材。针叶材大多为常绿树，树干一般长直高大，没有明显的孔隙构造，纹理平淡，材质较软，加工性能好，如红松、白松、落叶松、黄花松、马尾松、沙松、云杉、柏树及一些进口的洋松等。阔叶材多落叶树，一般没有针叶树直，加工后纹理美观，质硬耐磨，故又称硬杂木，如水曲柳、榆木、柞木、桦木、色木、椴木、杨木等。

包装用材最好是红松，但因近些年来红松的储备量日趋减少，国家已把红松列入珍稀树种，供应量十分有限。目前国内包装用材以沙松、马尾松、进口洋松及一些硬杂木为主。

通常所讲的木材质量或比重指自然干材质量而言。自然干材三类不同密度的主要树种如下：榆木、柞木等为最重材，色木、落叶松、桦木等为重材；核桃木、油松木为较重材。木材重者，其强度高、变形大、握钉力也大，但着钉后易开裂；木材轻者，其强度低、变形小、握钉力较小，但着钉后不易开裂。

木材含水率的测定与计算也是其使用前需掌握的重要指标之一。木材的内部组织由管状细胞组成，每个细胞壁又由许多纤维组成。细胞壁间的空隙含有水分，木材中所含水分的重量与全干木材重量的百分比称作含水率。实践证明，木材的含水率高，强度就会下降，相反，木材含水率低（不能太低，否则会产生翘曲）强度就会增加。所以木材在使用前一定要进行干燥处理。

木材材积及成材规格,在加工和使用木材时经常要提到木材的需要量,这样就必须计算出木材的体积,通常称为材积。加工后的锯材,因其形状比较规整,容易计算(长×宽×厚)。但对于未加工的原木要以稍头直径为准来计算体积。

(二)人造板材

人造板材是由木材或木材下脚料经加工复制而成的。它不仅补充了木材的货源不足,而且还具备木板材所缺少的功能。近几年来它的发展速度很快,应用范围也在逐步扩大。人造板材品种较多,其中用于包装材料的主要是胶合板和纤维板。

在木包装容器加工中需要大量的板材和方材。宽度比厚度大3倍以上的成材称为板材;宽度不足厚度3倍的成材即为方材。板材按厚度可分为:薄板的厚度为18mm以下;中板的厚度为19~35mm;厚板的厚度为36~65mm;特厚板的厚度为66mm以上。

(三)木材包装的特点

木材作为包装材料有许多优良的特性:

(1)木材有良好的强度,能承受冲击、振动、重压,有一定的弹性,所以,它能盛装较大、较重的物品和易碎的物品。木材加工方便,不需要太复杂的机械设备。

(2)木材不生锈、不易被腐蚀,可用来盛装、运输化学药剂。

(3)木材经过加工制成胶合板,既减轻了包装的重量,又提高了外观的美感和材料的均匀性,使包装箱具有耐久、防潮、抗菌等性能。但在市场销售的食品包装中,有些做包装礼盒衬板的胶合板所使用的胶中含有一定的对人体有害的毒素,会造成不良的影响,同时也会污染环境,既不符合环保的要求,也不符合食品包装的要求。

(4)木制包装可以回收复用,是良好的绿色包装材料。

木制包装也有其弱点,如易于吸收水分,易受白蚁蛀蚀,有时会有异味,加工不易实现机械化,价格偏高,加之树木原材料缺乏,且易产生废料,导致珍贵的自然资源被损耗,因此在包装应用上受到一定的限制。在包装设计时,对木材的选用一定要谨慎,要在对木材的各种性能有所了解、认识后,再做选择。

六、其他包装材料

(一)菱镁混凝土包装材料

菱镁混凝土具有一定的强度、一定的耐久性,具有能锯、刨、钉、钻孔、油漆等特点,给包装构件的二次加工创造了方便条件。作为包装材料可替代木材包装,具有较高的经济性。目前它已由包装箱的底盘、底楞发展应用到大型装配式组合包装箱。应用范围也从机械行业的机床、电机,扩大到大中型机电产品、金属材料、电瓷、通信设备等方面。

(二)保护膜

把丙烯酸脂类共聚成的压敏乳液胶黏剂均匀涂布在防黏桑皮纸基材上而形成的纸胶膜称为保护膜。该膜所用的黏结剂以水为分散介质,不含有机溶剂,具有无色、无味、透明、无腐蚀性、不污染环境、耐高低温、黏度适中等特点,是用于机械设备、仪器仪表、家用电器的面板、塑壳、标牌、铭牌等需防尘、防划伤、防油污场合的优质材料。保护膜也可作为电子元器件、精密零部件和镀件的生产周转保护。

(三)胶带

胶带通常是由底带和胶黏剂两种材料构成。可将胶黏剂涂覆于底带的一面,也可涂覆于带的两面,分别称为单面胶带和双面胶带。黏合剂材料多为橡胶、人工合成橡胶及树脂等。胶带按工艺的不同可分为水黏性胶带、自黏胶带两种。按涂胶面分为单面胶带和双面胶带。按基材的不同分为纸质胶带、布质胶带和塑料胶带。单面纸胶带多用于低强度封合、中强度封合、瓦楞纸箱或纤维板箱的封装。

布胶带的张力强度高,布胶带表面增加一层塑料层后能起抗水、抗油、抗化学的作用。

塑料胶带有防水,抗化学腐蚀,透明性好,较高的强度,耐磨,抗湿等特性。因此,塑料胶带用途极广,主要用于仪器、仪表、机械零件的封装。

七、抗菌包装材料

抗菌剂是一类对细菌、真菌具有抑制或杀灭活性的化学物质,是抗菌包装材料的核心。应用于食品包装的抗菌剂必须是安全无毒的,抗菌能力强并且具有广谱抗菌性,而且需要耐摩擦、耐日照、耐热,并与基材有良好的相容性,而且不降低商品的使用价值和美感。抗菌剂根据化合物结构不同通常分为无机抗菌剂、有机抗菌剂及天然抗菌剂三类。

(一)无机抗菌剂

无机抗菌剂一般是将银、铜、锌等金属离子抗菌活性成分通过物理吸附、离子交换或多层包覆的方式与无机多孔材料(如沸石、硅胶、高岭土类的载体)相结合制备的具有抗菌能力的材料。可广泛应用于塑料、合成纤维、建材、造纸等行业。无机抗菌剂属于溶出型抗菌剂,按照作用机制的不同,可以分为金属离子负载型抗菌剂和光催化型抗菌剂两大类。

1.金属离子负载型抗菌剂

主语将具有抗菌功能的金属离子加载到各种无机天然或人工合成的矿物载体上制成的抗菌剂,其中金属离子应用效果最好的主要是 Ag^+、Cu^{2+}、Zn^{2+}。其中 Ag^+ 抗菌能力较强,混合物中含有1%的 Ag^+ 的抗菌剂抗菌率可以达到99.9%。

2.光催化型抗菌剂

利用电子型半导体材料,如 TiO_2、ZnO、Fe_2O_3、CdS 等在光照条件下,将吸附在表面的 $OH-$ 和 $H:O$ 氧化成具有强氧化能力的 $OH-$ 自由基,当这些基团与微生物接触后可抑制微生物的生长和繁殖。以纳米 TiO_2 为例,其对紫外线具有一定的屏蔽作用,并且无毒、无味和无刺激感。

(二)有机抗菌剂

有机抗菌剂的种类很多,按照制备方法可分为天然抗菌剂和化学合成抗菌剂。有机抗菌剂对微生物的主要作用机制是通过与细胞膜的表面阴离子相互吸引、组合与细胞表面的基团反应,破坏细胞膜的合成系统,阻碍细胞呼吸,并逐渐进入细胞内破坏蛋白质,从而抑制微生物的繁殖。其优点是杀菌即效和抗菌广谱性好,持久性较长。

1.壳聚糖及其衍生物抗菌剂

壳聚糖是甲壳素经浓碱处理,脱去分子中的乙酰基得到的。和其他天然聚合物不同,壳聚糖具有较高的反应活性和可加工性能。近几年,壳聚糖和衍生物由于潜在的生物活性,例如抗癌性,抑制溃疡,抗菌性而得到深入研究。在壳聚糖分子链上有游离氨基,对构成人体的氨基酸和蛋白质都有很高的亲和性,因此壳聚糖的抗菌机理有以下两种模型:

(1)壳聚糖溶于酸溶液中,其分子中的铵离子具有正电性,能够吸附表面带有负电荷的细菌,因此大量的壳聚糖分子堆积在细菌细胞表面减弱了细菌的代谢,改变细胞壁和细胞膜的通透性,细胞膜因不能承受渗透压而变形破裂,内容物如水、蛋白质等渗出,从而发生细菌溶解死亡。

(2)壳聚糖吸附在细菌表面后,穿过多孔的细胞壁进入细胞内,与 DNA 结合,并干扰 mRNA 和蛋白质的合成,从而抑制了细菌的繁殖。

2.季铵盐类抗菌剂

季铵盐是一类高效低毒的有机铵盐,对革兰氏阳性菌和阴性菌有广谱抗菌活性,并且对真菌和霉菌都有较稳定的抑制效果。化合物中带正电荷的有机阳离子可被带负电荷的细菌选择性吸附,并且季铵离子有亲油的长链,能包住并破坏有脂质的细胞膜,释放出 K 离子和其他物质,导致蛋白质失活,影响 DNA 分子链的复制,因此阻碍了细菌的繁殖并引起细胞死亡。由于季铵盐成本低廉,抗菌速度快,将其作为抗菌基团的研究较多。但是抗菌持续时间较短,细菌对其易产生抗药性,并且对于无囊膜的病毒,季铵盐的抑制能力较低。

(三)天然抗菌剂

天然抗菌剂对于革兰氏阳性和阴性食源性病菌具有广谱抑制作用。植物抗菌剂是目前应用最多的天然抗菌剂,像中草药中的松柏、艾蒿、芦荟等。动物源抗菌剂主要是壳聚糖类、天然肽类和高分子糖类。矿物质抗菌剂的含量较少,如胆矾等。此外,天然抗菌剂还有提取于微生物的细菌素和溶解酵素等。

第二节　包装设计的基本方法

一、平面视觉设计

对于包装这个六面体而言,不仅要对每一个体面进行合理地设计与经营,更要照顾到各面之间的图文关系与色彩关系。设计要注重文字、图形在相邻面上的转折变换;对于包装盒体的设计与装饰要注重局部与整体的关系,从整体出发,从局部着手。良好的包装设计可以使商品在销售过程中有效起到宣传、促销和传达商品有效信息的作用,为了达到这些目的,设计就必须要本着定位精准,传达信息准确;表现手段简洁明了;形象力新颖独特并给人带来信任感的原则进行设计。

包装设计的平面设计要素主要包括文字、图形、色彩、版式编排、肌理与附件等方面的内容,设计时要掌握好这些要素的设计规律,对其进行有效的处理才会使设计尽善尽美,无懈可击。

(一)包装图形设计要素

1.准确性

(1)在包装设计中,首先要求包装设计能直观地传达包装内容信息。

(2)在不欺骗消费者的前提下,通过各种手段对商品进行包装,使包装设计准确、生动,具有鲜明个性并以独到的设计艺术和工艺技术手段传达商品信息,使消费者通过商品的包装,对商品产生兴趣和购买欲。

(3)要求设计师在进行包装设计之前,应对所要包装商品的商品性能、特点进行分析和研究,抓住商品的主要特征,准确达意,使之不混淆于其他商品,以免使消费者得到模棱两可或错误的信息,产生歧义,影响销售。

(4)应对不同地区、民族的不同风俗习惯加以准确表明,还要适应不同性别、年龄的消费对象,给各类别和层次的消费者带去方便,使消费者在进行选择时,能在众多商品中准确选定自己所需的商品。

2.简明性

包装中的图形一般通过"简"的手法达到直接、快速地传递商品属性和视觉信息的功效。简洁的图形,醒目的色彩,通俗的文字说明,让消费者易读易识、一目了然,在瞬间便能抓住消费者的视线,吸引注意力。让消费者能快速明白包装的是什么东西,适合什么人用等。

3.新颖性

在商品包装中,要使自己的商品能与其他商品拉开距离,独树一帜,就要使自己的包装具有个性化特征,这样才能形成鲜明的特色和强烈的竞争力,具有独特的形象表现力,给消费者留下强烈的印象,更有效地传达信息。

4.真诚性

包装的形象要给人诚实可信的感觉,严肃可靠的产品质量感受,诚信和真切的概念,使得消费者能放心地购买商品。不能运用虚假图形或文字说明宣传误导消费者,这样会影响商品的销售、损坏企业的形象,同时也会失去消费者对企业和产品的信任。

(二)包装上的平面设计要素

包装上所涉及的内容很多,包括品牌名、商标、品名、商品形象、产品说明、厂名厂址、成分、含量、适用对象等。以上因素如何在确定的尺寸规格的画面空间里完美无缺地组合在一起;突出什么、加强什么、文字如何经营、字体如何变化、颜色如何布置等,都是设计师在设计活动过程中需要全面思考的内容。在整理构成画面的诸多要素基础上选准重点,突出主题,安排好视觉流程先后秩序是设计构思的重要原则。概括而言,在销售包装的设计过程中主要会涉及文字、图形、色彩、造型结构、版式编排、肌理与附件这几大要素,它们是设计中包装信息传达的必要因素。

1.包装上的文字要素

文字在包装设计中是第一传达要素,是向消费者传达商品信息最直接的途径和手段,它的作用是显而易见的。我们可以在众多优秀的包装设计中看到文字所发挥的作用与魅力,它不仅最为有效地传递商品信息的告之功能,同时还体现着超强的装饰功能,能有效地帮助企业塑造良好的品牌形象。文字在包装的平面设计中占有极大的比例,得体、适宜的文字设计不仅可以让包装清晰地展现其品牌特色,更能凸显包装物的质量,提升消费者对产品的信赖程度。包装上的文字根据其功能性分为三大类别:品牌形象性文字、广告宣传性文字、功能性说明文字。

(1)品牌形象性文字。主要包括品牌名称、商品名称、企业标识(文字性商标)和厂名等。这类字体是商品的第一视觉识别要素,在设计时要求醒目、便于识别、个性突出,并且要安排在包装的主要位置上。第一,品牌字体设计要注重品牌视觉个性和商品属性的表现,要加强产品的视觉吸引力,要从商品的内容物出发,做到形式与内容的统一;第二,品牌字体笔画的粗细、字体的大小、气质和神韵,都要能够直接体现产品的特性、档次及企业实力;第三,还要注意不论怎样设计,都要注重字体的可读性,要保证字体本身最基本的书写规律,变化较大的处理不应放在字体的主笔画上,应放在副笔画上,以保证文字的可读性;第四,品牌形象性字体多由两个及两个以上数量的文字组成,设计时要注意多个字之间处理手法的统一性,注重整体感。品牌形象性文字设计的好坏直接影响到包装设计的成败,它承担着信息传递视觉化的作用,是视觉传达中进行沟通的主要媒介物(图4-13)。

图4-13　品牌形象性文字设计

　　(2)广告宣传性文字。这类文字就是包装上的"广告语"部分,是体现产品特色的具有宣传性的口号。"广告语"在策划时应注意文字的简洁性、生动性和可信性,在字体表现时应注意在形式上活跃、色彩鲜艳醒目、设计与编排自由灵活、加强装饰性,这样可以起到很好的促销作用。但是不管怎样变化,其视觉表现力不应该超过对品牌名称的处理,要注意画面的主次关系:如"新品上市""买一送一""鲜香松脆""加量不加价"等(图 4-14)。

图 4-14　广告宣传性文字设计

　　(3)功能性说明文字。主要包括产品成分、产品用途、使用方法、功效、使用对象、生产日期、保存方式、产品规格、生产厂家、保质期限、容量等。这些功能性说明文字是让消费者在近距离内详细阅读文字,基本上不需要有设计变化,通常采用可读性很强的印刷字体,以保证高效率的信息传达。如黑体、宋体、幼圆、中黑简、楷书等,并将这些说明文字的内容加以分门别类,而后选用上述不同印刷字体加以区别,而且字体大小、粗细也在区分范围之内;还要说明一点,这类文字通常都放在包装的背面或次要的位置上(图 4-15),而且这类说明文字字号不宜过小,要考虑它的可读性,字体种类也不宜过多。

图 4-15　功能性说明文字设计

2.包装上的图形要素

语言、文字和图形是人类沟通的三种基本方式,前面两种往往会受到国界、地域、种族的限制而影响到人类间的交流,唯有图形是不受任何因素的限制和影响的,它可以表现出人类心灵共同的视觉感受与内心的情感;直接迅速传递信息是图形的另一特点。

在包装设计中,图形要素是构成包装视觉形象的主要部分。它具有很强的直观性,以其丰富的表现力和个性化的形象语言,迅速有效地、生动地传达着商品信息。在市场竞争中,商品除了功能上的实用和品质上的优良外,包装则更加具有对消费者的吸引力和说服力,凭借图形的视觉影响,将商品的内容和相关信息传达给消费者,从而促进商品的销售。设计师要掌握图形要素在包装设计中的重要性及其基本创作原则,学会图形要素的设计方法和表现形式,才能创造出优秀的包装设计作品来。

3.包装上的版式编排要素

琳琅满目的商品给现在人们的生活带来了很多的选择余地，不同的文化差异、教育程度、职业类型以及个人嗜好会在商品选择中充分地反映出来。编排设计是通过形式美的法则将包装装潢中的设计要素（商标、文字、色彩、图形等信息）巧妙地组合起来，使商品的包装更好地完成其宣传和促销的功能。

如何要让自己的设计在消费者的选择中"中标"，除了要依托一套优秀的产品投放市场的整体推广计划外，还要有优秀的视觉表现，使其在一定程度上提高商品的档次和增强个性魅力，其中包装编排设计是最重要的一环。商品包装设计的平面设计要素中文字、图形、色彩是最重要的组成部分，每一个要素都具有自己独立的表现力和形式规律，在前面的章节中都已经分别做了介绍。那么，在包装盒体的有限空间内，如何去经营各种设计要素，处理好它们之间的位置关系、色彩关系、大小关系、前后层次关系以达到良好的视觉表现力和信息传播力是设计的关键，也是设计师主要的工作。反之，如果这些要素缺乏协调配合的关系，就不会让包装作品有良好的视觉效果，也会大大降低包装的视觉表现力，削弱商品的销售力。包装装潢的编排设计是一项整体设计，需要合理组合各项设计元素。设计中如果过于突出功能性则会影响包装的整体视觉效果；而一味地追求视觉冲击却忽略文字和图形的详尽传达，则会削弱包装的实用性。

人类是按照美的形式规律进行造型活动的。美，可以给人以启发与愉悦感。人们从自身长期的生产、生活实践中，不断积累、探索和总结相同的具有普遍性和共识性的认识，便是客观存在的美的形式法则，并以此为依据进行创作活动和对形象进行审美。包装设计也必然面对这一艺术学科共同的课题，伴随着现代科技文化的不断发展，人们不断深化对美的认知。所以，包装设计要在排版上注意它的形式美感，下面介绍几条形式美法则供大家参考。

（1）比例与分割

比例是指包装的部分与整体、内包装与外包装、容器与实物等之间的体积、造型的数量关系。著名画家达·芬奇曾就以人类自身身体尺度为中心,进行比例尺度的研究。比例是在尺度中产生的,比例一般可分为黄金比例、根号矩形比例、数列比例三大类。如何在比例关系规定的空间之内把文字、图形巧妙地配置起来,分割的编排手法便成为造型展开的关键。比例是体现视觉美感的基础,是决定设计的尺寸大小以及各单位之间相互关系的重要因素(图 4-16)。

图 4-16　比例与分割设计

包装造型的外形、线条、色彩、文字等一切要素,相互间要有良好的比例关系才能给人以美感。在编排设计里,内在结构的分割方式决定了视觉效果的优劣与风格特征,是设计开始时最应优先考虑和策划的步骤之一。

（2）对比与调和

在包装设计中,把图形、文字、色彩、肌理等要素综合起来考虑,相互结合、相互作用,突出个性,创造出差异,形成对比的效果,以有效地突出商品形象和个性,产生多彩多姿的表现力。前面我们曾提到过色彩的对比,包装编排设计中对比的表现因素还有很多,如大小、曲直、高低、多少、粗细、疏密、轻重、动静、虚实等,都是有效的对比表现形式,而调和的意义在于设计要素在整体中以和谐统一的面貌出现。强烈对比会使视觉效果活跃、明朗、张扬;调和感增强时,则会显出柔和、安详、内向、单调的性格特色。对比中要有调和,调和中要有对比,应根据产品本身来决定在包装编排设计中采用什么样的对比与调和形式(图 4-17)。

图 4-17　对比与调和设计

（3）对称与均衡

对称与均衡是设计中求得中心稳定的组织形式(图 4-18)。对称的方法是以中轴线为基准,进行同形同量的配置,使画面结构严谨,形态整齐平衡。均衡则是两个以上要素之间构成的均势状态。如在大小、轻重、明暗或质地之间构成的平衡感觉。它强化了事物的整体统一性和稳定感。设计师在充分考虑页面中图形、文字、色彩等的基础上,需要利用自身积累的经验,通过色彩、图形、文字的摆放位置,正确把握画面,以达到页面的视觉平衡。

图 4-18　对称与均衡设计

（4）节奏与韵律

韵律最初出现于诗歌。节奏本身没有形象特征,但表现事物运动中的快慢、强弱作用时,在画面当中就有了形象。包装设计中同样具备节奏与韵律性,文字、图形、色彩的大小、形状、方向、前后层次的搭配会出现音乐版的流动感,创造出丰富的视觉画面（图4-19）。

图4-19 节奏与韵律设计

4.包装上的肌理要素

肌理是指物体表面的组织纹理结构,即各种纵横交错、高低不平、粗糙平滑的纹理变化,是表达人对设计物表面纹理特征的感受。肌理分为自然肌理和创造肌理两大类。树皮、木头、石头、布、皮革等自然形成的纹理,称为自然肌理;通过雕刻、压揉等工艺在原有材料的表面经过人类加工改造后,再进行排列组合而形成的与原来触觉不一样的肌理形式,称为创造肌理。

如果肌理效果应用得恰当,可以使设计具有很强的艺术魅力。另外肌理的构成形式可以与重复、渐变、发射、变异、对比等形式综合运用。当大家走进琳琅满目的超级市场时,可能见到的商品包装中有一些应用肌理效果很好的设计,它们在众多的商品中脱颖而出,给人留下很深的印象。其中,肌理效果在化妆品、高级酒类、奢侈品的包装中应用最多。设计师可以单独使用金属、玻璃、木材等包装材质,或把上述材料与纸制品相结合,让人们直接去感受材料本身带来的视觉与触觉的自然感受;或者在不同的材料上面进行抛光、烫刻、激光切割等方式来创造包装物表面的肌理效果,使包装具有更高的品质感,吸引消费者的青睐。设计师在画面中巧妙地运用质地肌理,并结合电脑技术进行特殊的制作处理,加之新奇的创意,会使其作品效果超凡——自然、朴实、华贵、精致。

纸质材料给人以温暖感;金属、玻璃、陶瓷给人以高级感;天然纤维、皮革、木材给人以放心感。所以说,肌理是包装的平面设计中重要的要素之一,也是包装设计师们在包装设计过程中必须考虑的问题,它能帮助设计师拓展创意思路,展示设计效果;并能美化商品,提高商品的价值,增强消费者对商品品质的信任度,使消费者在视觉、触觉上产生超强的诱惑力及购买欲望(图 4-20)。

图 4-20　包装上肌理要素设计

(三)包装设计的骨架结构形式

编排设计也可以称为"构图"。设计构图是包装装潢乃至一切绘画艺术成功与否的关键一环,是各构成因素在画面中的"经营位置",是将商标、文字、图案、商品形象、说明、条码等有机地组合在特定的有限空间里,构成一个完美的无懈可击的整体。设计师要力求将作品达到结构严谨、主次关系明确、富有韵律变化和良好的秩序感。但要注意:一切变化都要紧紧围绕着一个特定的结构进行,没有结构(骨架)就形成不了韵律,形成不了秩序,就会不成体统、杂乱无章。下面介绍一下编排设计骨架结构的表现方法。

1.垂直线构图形式

这种构图形式以多条 90°垂直线构成,整个线形集合营造出的视觉关系呈垂直向上的态势。此构图结构顶天立地,颇有分量,多用外文字体或拼音文字构成画面,并采用均齐或平衡手法进行处理,也可以在局部施以小的变化来活跃和调节画面,避免呆板单调之感。总体给人带来严肃崇高、挺拔之感。这种构图形式在食品、文教用品、五金用品等包装上应用最多(图 4-21)。

图 4-21 直线构图形式设计

2.水平线构图形式

这种构图形式以多条水平线构成,两线间的距离可大可小,将画面分割成多个区域,安静、稳重、平和。设计师必须要处理好水平线的分割、面积比重的变化、底色的轻重等问题,以求形成水平稳重的美感。设计师较常采用这种方法,但要注意在平稳中求变化,求活跃(图 4-22)。

图 4-22　水平线构图形式设计

3. 倾斜线构图形式

以倾斜线为构图,在画面中形成一定的角度,给人一种很强的方向感。倾斜线或由下向上,或由上向下,形成带有动感的律动,将重要的信息引入画面,引起人们的注意。处理时应注意在不平衡中求平衡,通过必要的细节处理拉动视点的移动以达到视觉和心理的平衡(图 4-23)。

图 4-23　倾斜线构图形式设计

4. 弧线式构图形式

以弧线构成画面主体,骨骼框架包括圆形、"S"线形和旋转形。这种方式在设计中应用极广,它在画面中形成了圆润活跃的律动结构,视觉冲击力强,能赋予画面以空间感和生命力(图 4-24)。

图 4-24　弧线式构图形式设计

5.三角形构图形式

　　以三角形来构成画面主体,根据不同内容和构想,可运用正三角、倒三角来处理画面,使其分割鲜明,加强视觉刺激。在处理时三角形应与文字和图案等有机结合,增强三角形骨架的美感,像品牌名称等主要文字可将局部的笔画变化与三角图形进行匹配呼应;还要注意三角形在画面中所占的面积大小和位置关系,面积越大视觉冲击力越强。在视觉和心理上正三角形最稳定,犹如金字塔一样给人永恒之感,倒三角形则显得惊险和不安,却有很强的针对性(图 4-25)。

图 4-25　三角形构图形式设计

6.点状构图形式

这种方式画面呈散点状构图,点的概念在这里可以理解为两种:实点和虚点。点的面积可大可小、密度或松或紧,可任意摆放图形,因此所产生的结构自由奔放,使画面充实饱和,空间感强。但值得提醒的是,应注意结构上点的聚散布局,要力求均匀,注重视觉上的节奏感,重心要平衡。处理不当会使画面失去韵律感,重心不稳;同时,空间的相互联系和画面分割的比重也要均衡等(图4-26)。

图4-26　点状构图形式设计

7.方形构图形式

方形构图的骨架实际上是垂直式和水平式的组合,它稳定且和谐。处理时应注意面积大小和经营位置的巧妙变化,以打破呆板的格局,使画面在呆板稳定中呈现活跃自由的视觉效果。另外,骨架中营造的多个方形应集中摆放,不宜过散分布,可使方形骨架特征更明确突出(图4-27)。在以方形构图的画面中摆放文字时,应该注意文字字体的呼应,方中带圆为最佳,可做适量的视觉调和。

图 4-27　方形构图形式设计

8.中心构图形式

将主要表现的内容置于画面中心位置,并配以巧妙的装饰,使画面集中紧凑,视觉效果稳定。但运用不当会让整个画面死板陈旧,应处理好主次关系加强层次感。即色调的调和与文字的经营是工作的重点,力求画面丰富和谐,有收有放,有高雅之感(图 4-28)。

图 4-28　中心构图形式设计

9.空心构图形式

这种方式与中心式骨架结构恰恰相反,是将主要或大部分内容置于画面边缘位置,而画面中心呈现大面积空白。处于画面正面边缘的内容可向盒体其他四个侧面甚至底部进行延展。整个画面呈现出强烈的空间膨胀感,可以激发出观者的好奇心理,消费者会通过转动盒体去寻找图形在视觉上的连贯,达到意想不到的视觉效果(图 4-29)。

图 4-29　空心构图形式设计

10.网格构图形式

此方法是利用线性将画面分割为多个空间形成网状结构。线性可水平和垂直交叉,也可倾斜式交叉形成网格,然后在所形成的面积中处理文字和图案等要素。不过,通过线性的交叉形成的网格会让人有僵硬、呆板的感觉,我们可将交叉点断开或在断开处做装饰来缓解这种不适。另外,交叉的线性可以是单条,也可以是多条来形成层次感。这种方法即是利用线、面的组合构成有规律的画面,给人以很强的韵律感(图 4-30)。

图 4-30　网格构图形式设计

11.叠加构图形式

画面上的文字、图形和色块等多层次的重叠,使画面形成丰富的立体感,且有律动感。但画面由于层次较多,一定要注意将各元素之间的层次感拉开以免造成视觉上的混乱,主次不分。在画面处理时应注重色相的对比和黑、白、灰的关系。此结构在食品包装设计中应用较多(图 4-31)。

图 4-31 叠加构图形式设计

二、包装设计的技术

(一)数字化设计与制造技术

产品的包装设计过程,可大致分为综合与分析两个阶段。综合阶段主要确定包装品的工作原理与功能进行概念设计,建立包装品的设计模型——产品建模。产品建模为进行产品分析创造了条件;分析阶段主要分析产品模型,进行包装品几何建模、应力分析、结构优化和评价,以及装配体中的干涉分析和运动分析,并生成设计文档。其中几何建模技术是 CAD 技术及数字化设计的核心。

如今,数字化制造技术已广泛应用于包装品制造的各阶段。数字化制造技术主要是应用成组技术,对零件的制造工艺过程进行计算机辅助工艺规程设计,采用数字化信息控制加工工具和加工设备的相对运动,进行数控编程及数控加工。

数字化设计和数字化制造技术的紧密结合,并与数字化管理技术相互渗透,进而形成支持包装品全生命周期的数字化开发集成技术。数字化开发集成技术是以 CAD/CAM 技术为基础,对包装品的设计、制造及售后等环节的信息集成,形成计算机集成制造系统。

数字化设计制造本质是产品设计制造信息的数字化,使得人机交互能以多媒体形式实现,而符号化的设计制造信息可在不同软件平台上进行存储、处理,并通过协议进行传递。根据数字化设计的含义,数字化设计过程模型如图 4-32 所示。

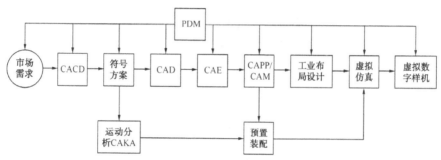

图 4-32　数字化设计过程模型

数字化设计过程主要涉及产品方案设计的生成问题,是采用计算机辅助创新设计(CACD)来解决的。对于生成的以符号表达的产品设计方案,通过符号识别方法,得到产品设计方案,并自动地对其进行运动分析(CAKA)和结构设计(CAD),通过"后台预置"装配技术,根据运动分析结果,将结构设计的结果预置到给定的空间位置上,实现产品的自动装配。在此基础上,通过空间布局、工业美学设计、三维虚拟仿真等过程完成对虚拟样机的完善。

(二)包装印刷品的表面加工处理

包装印刷品除了通过各种印刷方式印上相应的商品信息外,有时还要进行一些特殊的表面处理,如凹凸压印、模切压痕、上光与覆膜、电化铝烫印等特殊的加工工艺,使之达到更加完美的视觉效果。

1. 凹凸压印

凹凸压印是在印刷完毕后的印刷物表面再压印凹凸图文,以增强印刷成品表面立体层次感的工艺方法。多用于包装纸盒的表面加工、贺卡、标签等视觉形象的印刷,具有很强的立体感和肌理感,有良好的视觉美感和触感,增强了包装的可视性(图4-33)。

图4-33　UNICO MUSK 香水包装

2. 模切压痕

模切压痕是现代包装、商标、纸容器印刷中不可缺少的工序,是实现包装印刷现代化的重要手段之一。模切是将钢刀排成模、框,在模切机上把包装印刷品压切成一定形态的工艺过程。压痕是利用钢线,通过压印,在包装印刷品上压出痕迹或留下可弯折的槽痕,它可以使包装印刷品的边缘形成各种形状,也可以实现"开天窗"或其他的艺术效果(图4-34)。

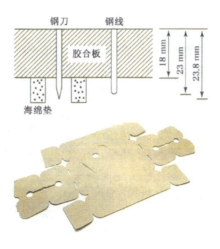

图 4-34 PUMA 彪马包装

3.上光、覆膜

上光是在印刷品表面涂上或印上一层无色透明的涂料,经疏平、干燥、压光后在印刷品表面形成一层薄且均匀的透明光亮层,或亚光、UV 涂层。

覆膜是在塑料薄膜上涂上胶黏剂,将其与纸张经橡皮滚筒和加热滚筒加压后黏合在一起,形成纸塑合的印刷成品,使印刷品的表面光亮度增加,改善耐磨程度,增强视觉美感,也使印刷品表面的防污、防水、耐光、耐热等特性得到加强,延长印刷品的使用时间,提高印刷品的档次(图 4-35)。

图 4-35 Mmmh 品牌包装设计

4.电化铝烫印

在印刷品表面烫印电化铝能进一步增强包装形象的视觉艺术效果,使主题更加突出,也使整个包装更显富贵感(图 4-36)。

图 4-36 MAROU 巧克力包装设计

第五章　新世纪与新理念下的包装设计

中国的包装设计在发展的过程中,逐步改变了过去单纯追求装饰效果的倾向,把促进营销的视觉传达功能放在了首位。本章第一节主要就人性化与简约化包装设计进行研究,第二节主要研究互动式与环保式包装设计,第三节主要阐述包装设计中的文化呈现,第四节主要探究包装设计的创新性发掘。

第一节　人性化与简约化包装设计

一、人性化

人性化是 20 世纪 60 年代逐步引起人们重视的一种设计倾向,近年来也反映在后现代主义的设计里。20 世纪 60 年代著名的美国西部"波什平"设计室与法国幽默派风格对现代设计发展的影响很大。今天的设计师运用了各种具有幽默、滑稽、怀旧、乡土气息等意味的表现语言,提升包装设计形象对消费者情感上的号召力。在插图风格上,人们常常运用手绘方法,使插图图形具有人情味,日本日化产品包装(图 5-1)运用传统的木刻方法绘制的插图、字体,使包装具有很淳朴的乡村气息。

有的包装设计师使用了各种方法处理图像。比如,使包装上的插图看上去具有中世纪木刻印刷的味道,或者成为乡土味十足的土布印刷图案。对消费者来讲,这种包装显得更为"友好"与"亲切"。运用东方文字在表现上的各种特色也是使包装设计保持特色的一种方法,图中的包装产品(图 5-2)品名使用的是中国传统的篆刻印章造型。

图 5-1　日本日化产品包装

图 5-2　东方文字的应用设计

　　后现代主义设计家们将插图风格的贡献提高到一个新的层面,他们不但将传统题材的图形以新的"解构"方法加以重新创作,同时还运用各种自然的肌理,设计出面目焕然一新的"具象＋抽象"的图形纹样,使人们更进一步地接近自然。图 5-3 是同样的系列包装,刻意的低调和简朴的设计处理,给予包装一种特定的视觉高品位。

图 5-3　同样系列包装设计

从非商业的人文关爱出发,把人性化的理念当作一种新的设计哲学,这是设计师的立身之本。把人文关爱贯穿于设计的每一个过程,是新世纪赋予设计师的新使命。

图 5-4CD 的包装设计成老式的收音机,甚至将 CD 的露出部分设计成旋钮,外包装上有刻度,通过旋转旋钮,可以在外包装的开窗处显示 CD 上的音乐名称,满足人们的怀旧之情。

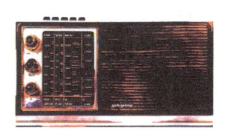

图 5-4　CD 包装设计

二、简约化

包装是直接与消费者接触的,它的造型结构要便于消费者使用。进行包装设计时要特别注意其功能上的科学合理和结构上的牢固性。

(一)软包装

软包装就是用软性包装材料制作的包装形式,以管状、袋装居多。由于软包装具有保鲜度高,轻巧,不易受潮,方便销售、运输和使用的优点,并有合理、精巧的外观形态,因此食品调料、药品、牙膏、化妆品等产品较多采用这种包装(图 5-5)。

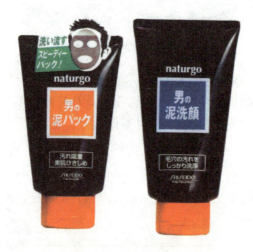

图 5-5　软管式化妆品包装

(二)适量化包装

适量化包装也可称为一次性商品使用包装。它体积小、结构简单、便于打开,如宾馆中使用的一次性肥皂、茶叶、洗发膏包装等(图 5-6)。

图 5-6 食品包装的适量化设计

（三）易开式包装

易开式包装是具有密封结构的包装,不论是纸质、金属、玻璃、塑料等,都可作为易开式包装的基材。易开式纸盒和易开式塑料盒都在盒的上部设计一个断续的开启口或一条像拉链似的开启口,消费者用手指一按或一撕即可打开盒子(图 5-7)。

图 5-7 易开式包装设计

（四）喷雾式包装

越来越多的产品,特别是液体状的商品如香水、空气清新剂、杀虫剂等,常采用按钮式喷雾容器包装(图 5-8)。

图 5-8 喷雾式包装设计

（五）食品快餐包装

食品快餐包装是随着快餐业的发展而快速发展起来的包装。它具有清洁、轻巧、方便和可以随时直接用餐等许多优点（图 5-9）。

（六）悬挂式包装

悬挂式包装的结构具有方便展销的特点，可充分利用商店、超级市场货架空间的特点，将商品悬挂展销，能突出商品，包装成本也比较低廉。

卡纸型悬挂式包装是指根据产品的形状，在纸板上开若干卡口，把产品卡在上面。由于卡纸型悬挂式包装上开孔很多，而且产品占据面积较大，设计时要注意对包装上文字和图形的安排，以免破坏完整性(图 5-10)。

图 5-9　方便面的碗式包装设计

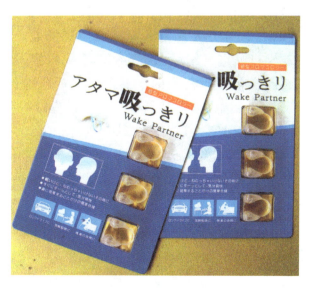

图 5-10　悬挂式包装设计

第二节 互动式与环保式包装设计

一、包装与环境的互动

互动设计可谓是当今一大时髦词。互动最初来自直接邮递，意思是邮件的接收者在收到邮件的时候需要签收一个回执，这就构成了互动。而在多媒体表演中，互动指的是观看者必须要去按动一个按钮才能看表演的行为。

相比之下，包装中的互动倒是非常自然的事情了。"消费者要打开包装才能取出里面的产品"本身就具有互动的意思。然而，真正互动的包装还应该是进一步的。互动的包装不仅仅是保护和推销产品，还应该让消费者有更多的参与机会。如设计一些活动的提手，可以变换各种角度、变换提手的方式，便于各种人用各种不同的方式携带。包装与包装中的产品可以有多样化的组合，可以让消费者变换或者转动包装，使包装内的产品可以多方位展示，也可以展示得更为注重细节或者更加完整。另外，包装能够长时间地供产品重复使用也是互动的重要内容。

互动包装同样包括当其中的产品消费之后包装的价值和功能还能延续。20 世纪，许多产品都是包装在铁皮罐头和硬质的盒子中，包装内的产品用完之后，这些罐头和盒子继续用来盛装其他物品，甚至用来作为装饰品。这种情景现在想起来仍然让我们感到亲切。其实这样做不仅对消费者有利，而且也是减少浪费、保护环境的好办法。

二、环保式包装

随着经济技术的进一步发展，从理论到实践，人们开始对如何设计对环境进行保护的包装样式进行了大量卓有成效的探讨

研究。具体来讲,环保包装主要体现在以下几个方面:

(1)包装生产中材料与能源的节约。包装设计要尽可能地降低材料的耗费,避免过度包装。在包装材料的生产、加工以及包装的印刷上,注意各种能源的节约,为了减少用纸而设计的产品组合包装,设计者在结构造型等方面做了很大的改进(图5-11)。

(2)包装材料的可回收率和再生率的提高。设计制作各种可以循环使用的包装,如瓶、罐等,提倡对材料的多次利用,如再生纸、再生塑料等。图5-12为运用再生纸浆制作的包装。

(3)包装材料在销毁方面是否方便,不破坏环境。使用各种便于压缩、清洗与分解的包装材料,图5-13为可以在使用之后压缩,减少体积,便于处理的系列包装。

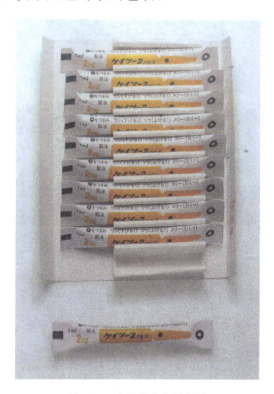

图5-11　产品组合包装设计

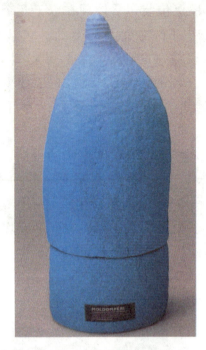

图 5-12   再生纸浆包装设计

图 5-13   可压缩包装设计

三、原生态包装设计

我国一些具有前瞻性的企业顺应环境可持续发展的要求,正在开发原生态的包装。北大荒米业有限公司推出的用稻壳和稻草制成的新包装,虽然成本比塑料包装略高一些,但透气性好,无毒无味,不会给大米带来二次污染。图 5-14 为一个谷类的品牌,产品的包装利用中国传统的生态包装方式进行设计,把传统的麻袋保鲜方法用在了现代包装中,其材料可降解回收。这种传统风格的运用使得包装的视觉效果古朴大气。

图 5-14　谷类包装设计

中国的唐琪小铺五粮粽的包装,将竹条编成网,然后将其做成类似粽子的三角造型,中间承载产品。大红底的产品吊牌传达着商品信息。竹条的质地、色彩、包括编织手法都保持着原始形态,不加任何多余的装饰。其浑身上下都透露着自然、绿色的气息,给人的感觉是如此亲切(图 5-15)。

图 5-15　唐琪小铺五粮粽包装

日本风流堂的产品水羊羹利用竹子自然分成的节段来做食品的容器(图 5-16),绿色的新鲜竹叶盖住一端开口的竹筒,竹筒内装水羊羹。竹子易降解又可再生,加工中可以不使用或较少使用黏合剂,最大限度地减少化学品对环境的污染;竹子的坚韧对包装物品也起到很好的保护作用;竹子的外观、质地、色彩与具有民族化特色的红色标签相融合形成一个和谐的整体,表达了良好的环保健康信息。同时,竹子的外观笔直挺拔,给人感觉生命力旺盛，坚韧不屈，从一个层面上向人们展示健康向上的精神，这不得不让人叹服设计师的巧思。

图 5-16　日本风流堂的产品水羊羹包装

图 5-17 为日本"无公害香米"包装，设计的突出之处在于对包装材料的选择，它体现了从产品到包装的原生态绿色环保性。设计师选用了牛皮纸作为内包装材料，选用牛皮卡纸作为外包装材料，与以往的尼龙袋相比，牛皮纸造价低廉，而且更容易回收和降解。根据现代人们生活饮食习惯的转变，一改传统大米包装袋的大体积、不容易装卸和搬运的问题。设计师将大米进行了瘦身包装，整体效果给消费者带来天然、绿色、干净、安全、高品质的心理感受。

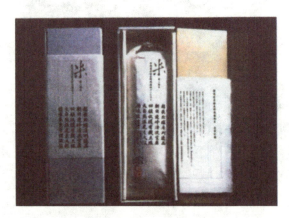

图 5-17　日本"无公害香米"包装设计

我国把建设资源节约型和环境友好型社会确定为国民经济与社会发展的一项战略任务。而建设环境友好型社会的一项重要任务就是积极倡导环境友好的消费方式。在包装业，传播原生态包装理念、促进原生态包装发展是每个从业者的责任。

随着人们的环保价值观发生改变，设计界提出"设计尊重自然"的生态设计运动口号。另外，生活崇尚"简单的幸福"的年轻消费群体崛起，正在改变着整个社会的消费结构和消费习惯，与环保理念相背离的过度包装设计需要彻底地摒弃。随之，原生态生活与消费的概念深入社会的各个领域。

基于白色污染的日益恶化，中国政府颁布了限塑令：在所有超市、商场、集贸市场等商品零售场所一律不得免费提供塑料购物袋。在全国范围内禁止生产、销售、使用厚度小于 0.025 毫米的塑料购物袋，以法规的形式倡导减少使用不可降解的、非绿色的包装材料，加快推行社会环保的进程。

现在人们正在慢慢习惯在购物过程中使用棉麻购物袋，棉麻购物袋也应该算作原生态包装的范畴。一些注重创意的设计公司瞄准了这一市场需求，开始设计一些别具匠心的棉麻购物袋，一种新的流行趋势得以产生，绿色概念在我国正在成为时尚、时髦的构成要素，原生态包装在这一趋势中扮演了重要的角色。

绿色包装是一个系统工程，它包括容器、包装材料、包装设计、生产工艺及废弃物处理技术等，是包装业可持续发展之路。绿色包装有以下五个方面的内涵。

(1)减量化：包装设计应尽量减少材料的使用，节省能源。

(2)包装材料可重复使用与再生：包装材料的重用与再生可延长材料的使用寿命，包装废弃物可生产再用品，或焚烧利用热源，或堆肥化，改良土壤等。

(3)保证废弃物可降解。

(4)包装材料可食性：如生产糯米纸、玉米烘烤包装杯、可食性保鲜膜、蛋白质与多糖和脂类制成的多组分食用膜等。

(5)包装与环境保护、生态平衡密切相关。

绿色包装设计是集产品质量、功能、寿命、环保为一体的系统设计,应遵循"3R1D"原则,即减量化原则、再生利用原则、资源化原、可降解腐化原则。

"生态美学"的提出,对包装设计产生了很大影响,包装设计作为实践美学的一部分,由实践美学开始向实践基础上的存在论美学发生转移。

四、可复用式包装

不同于一次性包装,在产品使用过后,可复用式包装仍有再利用价值。根据目的和用途的不同,可复用式包装可以分为两大类:一类是从回收再利用的角度来讲,如产品运储周转箱、啤酒瓶、饮料瓶等,复用可以大幅度降低包装成本,便于商品周转,有利于减少环境污染;另一类是从消费者角度来讲,消费者在使用商品后,包装还可以作其他用途,甚至可以变废为宝,而包装上的企业标识还可以起到继续宣传的效果,如消费者用电视机包装盒储存衣物。在包装设计时,设计者要考虑到包装再利用的特点,以保证其再利用的可能性和方便性。可复用式包装要求精美耐看,给人赏心悦目的美感。图 5-18 为啤酒包装。可复用式啤酒组合包装用后可作为 CD 架。

图 5-18 可复用式啤酒包装

第三节　包装设计中的文化呈现

产品包装设计文化具有时代性。包装设计文化在不同的国家、不同的民族有着不同的文化特色,是一个历史发展过程,是民族各个时代文化的叠合和承接,是传统设计文化的积淀和不断扬弃的对立统一。随着经济全球化和科技、信息的迅速发展,社会观念形式发生了根本改变,信息广泛发展,观念变得开放,价值观念、审美观念多元化,包装设计必须适应时代的发展,顺应时代的审美趋势。现代包装呼唤人性化的设计。包装设计在功能上追求方便性包装;在视觉上,强调视觉的充实与舒适;设计创意追求唯美的效果,促进消费者产生购买欲望。包装设计中在表现形式上,给人们带来"友好""亲切"的关怀与体贴,使消费者体会到人性化的关切。

一、字体

商品包装设计中的字体设计主要是针对商品的品牌名称、商品名称以及促销口号等文字的"体征"所进行的风格化创造。在包装设计中利用文字作为商品包装传达信息的载体,是表达营销理念的符号。商品包装的本质内容是品牌、品名、说明文字、促销口号、生产厂家、经销单位等,是设计的重点。字体设计应该是针对文字的字体样式及所产生的表达寓意所进行的创新的设计工作。在字体设计中必须掌握的是字体给商品带来的销售功能。

不同的文字经过人们不断地研究与创新,形成了各自完备的形态美和充分的表达能量,世界每个地区所运用的不同的文字有不同的表现方法和设计方法。我国使用的汉字的艺术与审美价值具有独特的表达方式。通过对汉字结构的理解,我们能够体会到汉字字体不仅具有丰富的形态美感,也有着强烈的表达能量

（图 5-19）。

图 5-19　中国书法在包装设计上的应用

　　汉语语言文字中的"一字多意"现象，以及汉字本身的表意等特点，使许多的文字原意存在着一定可以扩展和转换的空间，这也正好为设计人员发挥丰富的联想带来了极大的可能。文字是有其各自意义的，而文字的意义又会由于不同的语言环境、不同的解读，产生不同的表达效果。虽然，在字体的意向上进行设计可以增加我们的设计灵感，可以帮助我们进行字体的创新，但要理解文字的意义不能胡乱捏造。应在文字本身表达含义的基础上，通过设计的手段对商品的设计加以提升（图 5-20）。

图 5-20　字体想象与联想设计

二、文化蕴涵

商品包装的文化蕴涵是指通过商品包装反映出的人类所创造的精神生活发展成果和社会生产的进步程度。是商品包装所表达和折射出的思想、科技、道德、法律及艺术等多方面文化内涵的总和。

(一)商品包装的思想蕴涵

商品包装的思想蕴涵,主要体现在商品的品牌与商标上,它是商品的标记。品牌与商标的设计是一项实用工艺美术,它涉及政治、经济及艺术的各个领域,而思想性与艺术性的有效结合,寓意内涵深刻,是品牌与商标的灵魂。古今中外,思想寓意好的商标,既可以为企业和商品塑造一个良好的形象,又可以受到消费者的青睐,并给人以思想激励,起到好的宣传效果。

(二)商品包装的文化蕴涵

从某种意义上讲,商品包装既是商品的基本构成,又应是具有欣赏价值的艺术品,艺术性是商品包装文化的特定内涵。商品包装讲究艺术性,也是提升商品附加价值和商品包装视觉表现力的需要。一种商品的包装、装潢,其主要功能虽然在于保护商品、传情达意,但缺乏艺术性的包装,将不受人们欢迎。商品包装的艺术性,正是为了有效地表现内在商品的质量和特点。

商品包装的艺术性在反映产品内在质量的同时,还会力求反映并体现出人们求新、求美、求奇的需求,包装以与众不同、别出心裁、独具特色来获得市场竞争力。包装商品的艺术性属于审美范畴,它具有社会的意识形态性特征。在纯艺术创作中,设计者可以着重追求主观美,而在商品包装艺术中,设计者除了必然会在作品中打上个人的风格和烙印之外,还应更多地考虑在客观上要适合某类消费群体的审美要求。这种艺术性的审美要求有它自身的客观规律,即适应审美的地区性规律,适应审美的时间性规律,适应不同消费对象的审美要求(符合人的个性特征)等美学基本规律。

三、中国元素的应用

(一)国画元素

国画是中国传统绘画的主要种类,它的历史有千余年,源远流长。国画主要是通过笔墨的运用传达出一种意境和物象的内在文化品质,给人以无限丰富想象的空间。正是由于中国画所具有的丰厚而博大精深的文化底蕴,使其具有强大的生命力和超越时空的影响力。在包装设计时,可以根据产品的特点与品牌的个性,将国画艺术应用于设计当中,着力渲染传统文明与现代产品的内在联系。同时以各种方式或手法来充分体现国画文化,突出产品的特色,使包装充分地传达出地域、民族等信息。图5-21为江南人家的酒类包装,运用了一幅意境幽远的国画作为主要图案,小桥流水、黑瓦白墙,意境悠远绵长。

图5-21　酒类包装设计

（二）中国结

中国结全称为"中国传统装饰结"。它是一种中华民族特有的手工编织工艺品,具有悠久的历史。中国结所显示的情致与智慧是中华古老文明中的一个文化面,其年代久远,漫长的文化沉淀使得中国结渗透着中华民族特有的、纯粹的文化精髓,富含丰富的文化底蕴。据《易·系辞》载:"上古结绳而治,后世圣人易之以书契。"东汉郑玄在《周易注》中道:"结绳为约,事大,大结其绳,事小,小结其绳。"可见在远古的华夏土地,"结"被先民们赋予了"契"和"约"的法律表意功能,同时还有记载历史事件的作用,"结"因此备受人们尊重。中国结不仅具有造型、色彩之美,而且皆因其形意而得名,如盘长结、藻井结、双钱结等,体现了我国古代的文化信仰及浓郁的宗教色彩,体现着人们追求真、善、美的良好愿望(图 5-22)。

图 5-22　中国结应用设计

四、中西结合的设计

在 1899 年前后的中国上海，首先引进了当时最先进的印刷机，开始印制各种包装，特别是一些烟草方面的产品。20 世纪二三十年代，以上海为中心的民族工业有了长足的发展，包装设计逐步有了一些比较成熟的作品。设计作品既有中国传统民族风格的成分，也融合了一些西方的装饰风格，如图 5-23 是中国烟草博物馆收藏的烟草包装。

图 5-23　烟草包装设计

第四节　包装设计的创新性发掘

一、CIS 指导下的包装设计

从 20 世纪五六十年代开始,世界许多国家的企业相继推行了一种新的企业经营策略,这就是所谓的企业形象设计与推广计划,英语为"Corporation Identity System,简称"CIS",意思为企业识别设计系统。而在中国,则将其称为"企业形象设计"。

企业形象设计的产生是由于大企业管理与市场竞争的需要。市场竞争的发展促使企业的兼并扩大,在各个领域逐步形成了一些具有一定垄断性的跨行业、跨国家的巨型企业,它们瓜分了市场的主要份额,形成了一家或几家企业垄断某一产品生产与销售的情况。这样,在市场上一个企业的产品常常以家族的系列方式出现,各种相关的产品组成一个集群,呈现在商店的货架上。图5-24 是系列日化产品包装。设计者运用了统一的字体、色彩、造型和编排要素,使生产企业的视觉要素表达得非常清晰,这是现代包装设计整体化、系列化的基本要求。

由此,包装设计发生了根本性的变化。对整个企业形象来讲,包装设计不再是传统意义上的孤立的点,而是与企业宣传和促销计划相关的一条线、一个面。现在人们设计一个包装,不仅仅要解决这个包装的自身形象、信息配置等问题,还要合理地解决它和整个系列包装(包括运输包装)的关系,以及此包装和整个企业视觉形象的关系等问题。包装设计必须在企业整个 CIS 计划的指导下进行。美国设计家保罗·兰德是 CIS 的初创者。他在为国际商用机器公司(IBM)工作时,提出了统一标志、统一色彩与包装的主张。他在设计公司标志与相关的色彩等要素的同时也为公司设计了系列包装。通过兰德的设计,IBM 公司的形象与产品包装迅速为人们所熟悉与接受,公司业绩飞速增长,几年内从行业的排名二十几位升到第三位,成为世界著名的跨国公司。

图 5-24　系列日化产品包装

　　CIS 计划指导下的包装设计主要特点表现在:设计者要运用各种 CIS 设计中规定的视觉设计要素,进行系列化的设计,并在设计中既保证视觉形象的统一性,同时又要保持一定的变化空间。具体来讲,就是标准化的品牌标志、文字字体、色彩、图形与编排等视觉要素在包装设计上的运用,如图 5-25 设计者运用了统一的编排、图形等诸多要素,在色彩的色相、明度和纯度上也保持了一定的统一性。编排的统一性在整个设计中起着重要的作用(图 5-26)。

图 5-25　系列食品调料包装设计

图 5-26　系列包装设计

今天,越来越多的中国企业已经将 CIS 作为包装设计的指导。这已成为一种普遍的规范性做法。需要指出的是,在现代市场竞争中也有一些个别特异的例子。有的企业为了保持各种产品的个性,在不同类别的包装上采用了不同的设计要素,而不实施统一的 CIS 计划。如日本"SUNTRY"(三得利)公司的做法就是这样。实际上,这也完全是为了促进销售的需要。因为一些大企业本身是由许多小企业兼并而成,因此它有许多已在市场树立形象、具有一定市场占有率的产品。它们以自己已有的形象出现在市场上,可以具有更强的竞争力。特色的字体设计和插图表现方法统一着整个系列包装的视觉形象(图 5-27)。

图 5-27　系列饮料罐包装设计

图 5-28 为系列酒瓶包装设计,具有特色的酒贴外形和编排、插图使整个系列包装生动而不乏统一性。

图 5-28　系列酒瓶包装设计

二、自助式市场条件下的包装设计

20 世纪 20 年代在美国产生并在五六十年代开始盛行于全世界的自助式销售店(超级市场),对包装设计的影响十分巨大。超市销售方式大量地削减了销售人员,商品放在货架上直接与消费者见面,包装成为推销自己的无声推销员。正如美国设计家罗伯特·博帕写的那样:"30年代起,通过各种有利于消费者购物的规定,自助式商店的货架有了合理的构造样式。为了让消费者接近货架并清楚地看清货品,而不是像过去那样去问售货员,对包装的设计要求集中在如何长久地引起消费者注意、辨识这一点上——品牌必须放置在最能让人辨识清楚的位置,强调观众熟悉的色彩,扩大商标的名字或标志的形象。"

另一方面,由于超市货架的特定配置方式,同一商品聚集在一起,形成了一种特定的竞争环境。"在货架上的竞争意味着每一个品牌的产品包装必须要从其邻居中突现出来,推销自己。" 1955年设计的美国"万宝路"(MARLBORO)牌香烟运用了非常鲜明的红色、白色和灰色作为基本色。图5-29为简洁大方的构图和色调,以及对几何三角图形的运用,具有典型的现代主义设计的风格,这个成功的包装被沿用至今。

图5-29 万宝路牌香烟包装

市场销售现实情况的变迁,需要包装设计者对包装的图像、文字等传达信息进行合理而科学的配置处理。世界著名的饼干生产企业国家饼干公司（NBC）在包装设计上的改革就是一个很好的例子——这个公司长期以来就试图寻找一种具有竞争力的产品，1934年，他们开发了一种含有可可豆油的咸饼干，取名"RITZ"。在包装设计上，公司以强烈的色彩对比与夸张的尺度，来强调品牌。

该包装运用了一些写实的饼干形象及红底色与品牌进行对比。在包装正面很有限的空间里，主要的两个信息（品牌与产品）以最大的可能性展示了它们自身，其余的信息则被缩小或转移到了其他立面。产品与包装都获得了成功，三年以后，公司每天生产的这种饼干数达到了290万盒。今天"RITZ"享誉全球，其包装样式基本保持了原有格局（图5-30），放置在中央的标志字体和环绕四周的饼干是这个有着悠久历史的饼干包装几十年不变的基本样式。产品和企业信息突出明晰，是现代主义设计强调功能设计思想的高度表现。

图5-30 "RITZ"饼干包装设计

从现实的市场条件分析，包装上信息的配置具有一定的科学性与规律性。信息按照其重要性在形象的大小、强度上应有区别。它们应当构成一定的视觉流程，引导观众来认知、读解。比如，对于一个盒包装而言，包装的六个面在视觉传达上的作用是不同的。主立面，即面对观众的面应当承载着一些重要信息。如产品形象、产品品牌等。在其他一些立面上可以加上产品说明等次要信息。如"TIDE"洗衣液、"MAXWELL HOUSE"咖啡、"夸克"机油等包装就是典型的例子。图 5-31 为"TIDE"洗衣粉包装，设计者突出了标志字体和圆形的辅助图形。整个立面色彩强烈，视觉效果令人过目不忘。

图 5-31　"TIDE"洗衣粉包装设计

另外，人们也认识到各种信息的表现方法也应当是不同的，如企业标志、品牌常常是最为重要的信息，需要以简洁而具有特性的方法来表现。而产品的形象越来越需要运用最具体最感性的方式呈现，以便让消费者最大限度地了解产品，如图 5-32 与促销架等售点广告组合在一起的包装，在形态、色彩和编排等方面保持高度的统一，在宣传企业品牌方面具有特别的功效。

用各种生动活泼的形象进行设计包装，在吸引消费者和传达信息方面具有一定的优势，特别是针对儿童设计的产品包装（图5-33）。

图 5-34 为具有东方情调的酒包装，但在瓶的造型和色彩上也可以看到西方风格。

图 5-32　包装与促销货架的组合设计

图 5-33　儿童产品包装设计

图 5-34　酒包装设计

随着市场竞争的愈加激烈与社会生活的发展,现代包装上的信息量有了新的增加与变化,这也给包装上的信息配置带来了新的课题。比如,今天人们在设计包装时越来越注重将包装形象与整个广告促销活动的视觉形象联系起来。设计师们开始使用一些与产品销售广告形象有关的信息。如百事可乐运用了影星歌星等流行偶像作为广告形象,并在包装上印上了他们的身影。大量的包装则使用了各种卡通人物或动物形象,这在吸引消费者方面是非常成功的。如图 5-35 所示的包装运用了米老鼠等卡通形象,使包装的造型突破了一般的平面体块的常规。

图 5-35　卡通形象在包装上的应用

　　又如,有时在包装上也加上一些公益性的广告,甚至是寻人启事。美国人曾在饮料包装上印上了失踪儿童的图片,对搜寻这些儿童起到了一定的作用。20 世纪 80 年代中期,英国与美国分别开展了反对吸毒的运动,在包装上写上了"儿童对毒品说不"的口号,在当时起到了很好的宣传作用。

第六章 包装的发展趋势

包装设计这一学科的发展处在一个不断变化的过程中,对于其发展趋势的探索值得我们研究与分析。与此同时,包装结构、物流包材也随着包装设计的发展而发展。

第一节 现代包装设计的发展趋势

一、零售环境的虚拟化

未来的零售环境可能会给包装设计师带来新的挑战,因为它们可以借助更多的信息技术,比如虚拟零售,而且消费者也会要求更加精确的产品信息。此外,在帮助零售商履行和环境可持续发展相关的法定义务和企业承诺方面,包装设计将扮演越来越重要的角色。

(一)虚拟包装

网络以及网上销售的出现,使许多产品制造商极大地节约了零售成本,因为他们抛弃了传统砖块加水泥的实体零售店模式。现在,大部分产品制造商都拥有虚拟商店,人们可以通过网络直接订货,商品也会被直接送到人们的家里或办公室。网络分销渠道也给小商贩带来了新的机会,使他们接触了那些通过传统的实体零售店无法触及的市场和消费者。某些产品门类通过虚拟商店销售得特别好,比如音乐制品和书,因为消费者在网上可以听歌,阅读书的摘要,任意选择商店。

　　最成功的零售商,可能是那些成功采取多渠道销售,并为消费者提供尽可能多购买选择的零售商。而且,产品包装在网络和实体零售环境中,也必须都能够有效地发挥作用,毕竟,为不同的环境设计不同的包装是一件不划算的事。为产品设计提高虚拟网店销量的包装,给设计师带来了额外的挑战。

(二)虚拟分销

　　虚拟分销渠道的出现并不意味着传统的品牌包装概念行不通了。相反,这意味着设计师需要调整营销策略,以把握网络环境中出现的新机会。彻底改变包装方式的意义并不大,因为多年以来,设计师投入大量的时间和精力,精心发展了一个品牌包装复杂而精妙的传播方式。兰道尔·福斯特在一篇名为《虚拟包装缺乏触感》的文章中指出,强有力的包装提升了消费者对一个品牌的信心,包装带给消费者的触感会影响他们对产品的体验。然而,消费者在网上商店购物时,并不能在购买商品之前接触商品的实物包装,包装中的触感元素也会在消费者收到商品之后才发生作用,并进而加强消费者对产品的积极感受。尽管大部分具有网络兼容性的产品包装,都是设计师在传统包装的基础上进行修改的,但他们仍需要进一步仔细考虑修改过程中的一些因素。

(三)在网上展示包装

　　设计师必须考虑如何在网络环境中展示或推广一个产品。在实体商店中,消费者可以看到产品的真实大小,并且能触摸到产品。而在网上,我们只能看到产品的图像,但这往往不是产品的实际尺寸。而按照《富有远见的包装》一书的合著者赫伯特·迈耶的说法,当网上产品的图像被缩小展示时,品牌图形几乎就"失效"了。因此,一张尺寸缩小了的产品图像,该怎样传达那些精心制作的品牌信息呢?

　　为网上产品设计包装时,必须创造强烈的视觉影响力,尽管网上商店在展示产品时,经常使用相对较小的尺寸。由于网络环境的运作与实体销售存在很大的差异,设计师必须充分利用新媒体等技术手段所提供的机会,发展有别于传统的包装方法。

(四)网上商品的销售

网上销售的产品,必须能够适应邮政服务或包裹速递等严酷的物流条件。可能需要给产品添加外套包装筒、包装盒,并裹上包装纸,可能还需要在产品里面填充碎纸或泡沫颗粒。完善的产品包装,能给企业带来新机会,因为它能让消费者认识到企业很关心产品在物流中的安全。与此同时,这也给设计师增加了设计外包装的挑战,设计师可以在盒子、包裹或其他包装形式的外表面上添加标志、品牌名称和网址,以充分利用包装的外表面。

好的包装设计总能促进产品的重复销售,并总能在产品送达时,给顾客带来惊喜,这对于网络零售商的品牌运作而言也至关重要。因为网上销售的产品,也必须通过包装本身或是其他东西来传达信息,来让消费者清楚售后服务的内容,以及产品出现问题时该如何处理。

网上营销有许多好处,并且节省成本,但它并不能忽视信息传播和品牌建构的重要性。比如,通过附赠同一产品系列的其他产品的相关信息和优惠券,给消费者带来一些意外的惊喜,以此来培养品牌忠诚度。但是,独立包装也可能明显增加运输成本,因此,设计师必须把握好促销和经济之间的平衡。

二、可持续包装逐渐增多

包装是采用各式各样原材料制造的实物,因此,它的生产和处置也应该考虑环境这一重要因素。消费者和制造商越来越关心他们的行为对环境的影响,这给设计师带来了很大的压力,他们必须重新思考包装设计,使包装对环境的影响降到最低,但又要确保它仍然可以发挥保护产品和传播信息的功能。

（一）可持续的包装

随着保护环境意识的提高，人们日益认识到过量生产、消费和浪费的危害性，可持续包装也应用得越来越广泛。现在，为各行各业工作的设计师，都在努力生产可持续性的包装，这种包装被用完废弃之后，将会极小地，或者一点都不会影响本地或全球的生态系统。

可持续包装的设计过程，需要考虑包装使用的原始材料，了解它们是从哪里来的，以及在用完废弃包装之后该如何处置它们。这个过程包含了对产品产生的"碳足迹"的评估。碳足迹指一个产品造成的温室气体的排放总量，通常以二氧化碳的排放总量来衡量。一旦知道了碳足迹的数值，就可以制定减少排放量的相应策略。可以通过增加可回收材料的使用量，减少不同材料或成分的数量，使包装更加容易回收或处置。现在，使用极简易的包装已经成为一种日益流行的趋势。此外，设计师在构思包装设计时，还需要对包装的生命周期进行评估。

（二）废弃物分级制度

"废弃物分级制度"是指在"3R"原则——少量化（Reduce）、重复利用（Reuse）和资源再生（Recycle）——的基础上制定的废弃物管理策略，其目标是减少材料的使用，重复利用材料，循环再生地利用材料，最底端是处置材料。这个分级制度可以在创造可持续包装时，在材料、容器尺寸等方面，指导设计决策的制定。比如，提高内层包装容器的保护性能，意味着产品不再需要外层包装（预防策略），或是需要更少的外层包装（减缩策略）。再比如，不应该使用多种不同类型的塑料来制造一个容器，应该将材料缩减至一到两种，以便回收再利用。废弃物分级制度图（图 6-1）从最优先考虑的方案到最后考虑的方案进行排序，描述了如何处理产品包装所产生的废弃物。

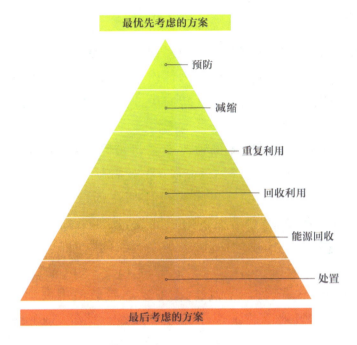

图 6-1　废弃物分级制度图

　　改变一个产品原先使用的包装系统,可能会导致许多方面的变更,可能还需要全方位、重新思考包装的功能。然而,这也可能会为品牌提供机会,创造新的包装声明。例如,LUSH 品牌是英国的美容产品制造商和营销商,号称是手工制作的天然美容产品的新生品牌。它销售的产品有 65% 是"裸露"的(没有包装),剩下的采用的也是极简易的包装,包括包装纸、可重复利用的瓶罐和用回收材料制作的纸袋。从 2007 年起,该品牌开始用爆米花作为运输时的充填材料,取代了碎纸和聚苯乙烯微球。

　　实际上,设计师在很大程度上是要制造出使用更少材料的包装,用回收再造的材料代替未经使用材料的包装,或是所含材料种类变少的简易包装。在废弃物分级制度中,最优先考虑的是预防策略,即要求只包装绝对需要保护的地方。适当的包装能够保证产品不被丢失或损坏,以此防止浪费。减缩策略或削减原始资源的做法,则是在设法减去包装的重量和体积,这也降低了成本。

（三）重复利用包装

随着全球消费者和设计师的环保意识不断提升，产品辗转的路途之远、产品包装的数量之巨，都引起了人们的恐慌，包装的形式正在逐渐改变。营销商因此转向关注用本地资源制造的产品，并探索减少包装的方式。

新材料的发展持续不断地改变着包装的外观，并提供了保护产品的新方式，来延长产品的货架期，或者使产品能在更长的时间内保持新鲜。材料的发展也为设计师在创造能够满足品牌运作要求的包装时，提供了更多的可能性，比如更好的表面印刷材料，可以进行彩色印刷的薄膜，或裹绕容器的收缩包装等。

设计师琼斯（Jones）为涂料制造商 Idea Paint 品牌的 GRE-8 水性涂料系列产品设计了包装（图 6-2）。包装使用极少主义设计方法，直截了当地反映了产品的环境效益。此外，每个标签都准确地向消费者说明了产品的功能，例如，每罐涂料都足以粉刷 4.6 平方米的表面。Idea Paint 品牌几乎能将所有表面都转化为干擦墙面，人们可以在墙上涂画，而不再需要使用纸质便签，而且，这是一种比普通白板使用的包装材料和原材料更少的产品。

图 6-2　GRE-8 水性涂料系列产品

Ferroconcrete 设计公司为洛杉矶的瓶装水制造商 echo 品牌设计了包装。该品牌希望包装对环境的影响达到最小。瓶子的特点在于瓶身上贴的那一条小标签,它采用的是可以快速揭除的衬底,因此消费者可以很轻易地把它撕下来,与水瓶一起丢进可回收垃圾桶中,使回收的过程更加便利。这些标签采用碳平衡印刷机印刷和风力发电的设备生产,使用的能源对环境的影响达到最小。echo 品牌声称:"瓶装水为我们的生活提供了便利,但我们必须意识到每一个瓶子对环境的影响。瓶装水应该尽量简朴,在本地生产,对包装负起责任。"

三、包装的伦理逐渐被重视

伦理是人们判断行为的道德标准。包装的伦理既关注包装是由什么材料制成的,也关注它所做的关于包装中产品的声明——也就是说,包装的伦理关注产品生产商的行为、信誉。

(一)全球决策

人们会关心他们的生活带给环境的影响,也因此越来越从负面的角度看待过度包装的产品,或者那些使用不可再生、无法循环利用、不能生物降解材料制作的产品和包装。为了做出符合伦理价值的购买决定,消费者要求包装标明产品与社会、环境和公平交易相关的那些信息,并希望了解产品是否会带来破坏性的社会结果,或者是否会给他们原来居住的环境带来破坏,这就要求制造商就制造产品时的伦理实践,或经过认证的注册商标,做出清晰的声明。

图 6-3 所示的 A Perfume organic 品牌纸盒上镶嵌了花卉种子,顾客购买产品之后"可以将它们种植起来",纸盒上的图案采用大豆油墨印刷,减少了对环境的影响。该企业旨在提供更加符合伦理、能够代替那些通常使用两组有害化学物质的常规香水产品。该品牌产品使用纯净天然的油脂,它们是美国农业部(US-

DA)认证的有机材料,产品的气味因此与那些石油化工产品、溶剂、染料、农药和合成化学物品的气味完全不同。

图 6-3   A Perfume organic 品牌香水包装

(二)个人决策

对于社会问题,比如环境问题、贸易关系等,每一个设计师都有自己的道德立场和观点。在职业生涯中的某一刻,每一个设计师都将面临设计项目任务书中所包含的伦理问题:这些问题可能会挑战他们的个人信仰,或迫使他们妥协——他们不得不考虑如何应对这些隐性的问题,或者考虑是否可以完全忽略这些问题,并成功应对这样做所导致的后果。

Nicepond 设计和市场营销公司为 Lakeland 品牌生产的不锈钢锅(图 6-4)设计了极少主义风格的三角形包装盒,盒子正面印着正在使用的锅的照片。三角形盒子凭借它不同寻常的外观吸引了消费者的注意力,并强调了产品三层复合的性质。该包装比传统包装盒使用的材料少,强度大,而且在运输中更加有效地利用了空间,因此具有显著的环境效益。

图 6-4　Lakeland 品牌不锈钢锅

　　瑞典 Division 设计机构重新设计了 Good ol'Sailor Vodka 品牌伏特加的酒瓶（图 6-5），使它成为环保产品。该设计重新调整了伏特加的品质，并且进行了品牌再造，使它更符合目标受众正在改变的口味和期望，即人们越来越关注自身行为对环境的影响，并期望食用品质更高的食品和饮料。

图 6-5　Good ol'Sailor Vodka 品牌伏特加酒瓶（一）

　　该产品是最早使用有机种植的瑞典大麦的产品之一。经过四次蒸馏（其他伏特加一般经过两次或三次蒸馏），该产品闻起来具有清新的果香，并带有些许辛辣的味道。

　　该产品拥有高水平的环保证书和精制的品质，这意味着设计师必须创造出与之相符的酒瓶。设计师选择使用瑞典制造的聚酯包装材料，并与 Petainer 公司的技术专家密切合作，尽量减少包装对环境的影响。

　　最终设计的酒瓶是环保的，具有极高的清晰度和强烈的货架吸引力，同时还可以大批量生产制作。设计师解释说："我们希望用可行的方法来开发聚酯材料，目标是设计与瓶身紧密结合的包装。"产品和包装的革新还要求品牌及形象的再造。酒瓶的表面图形由刺青艺术家马蒂亚斯·布罗登绘制。该图形（图 6-6）传达出了独特而又明确无误的视觉信息，能使产品从货架上脱颖而出。"你最先注意到 Good ol' Sailor Vodka 品牌，不是因为它的口味，而是因为它的酒瓶。"

图 6-6　Good ol' Sailor Vodka 品牌伏特加酒瓶（二）

第二节　包装与结构的关系

一、符合产品自身的性质

对于易碎怕压的商品,应该采用抗压性能较好的包装材料及结构,或者再加上内衬垫结构,以确保商品的完整性。对于怕光的商品需做避光处理,如胶卷类的包装就需要密闭的结构和避光的材料,纸盒内的黑色塑料瓶的使用就是为了达到这个目的;再如鲜鸡蛋的包装,盒体通常采用的是一次成形的再生纸浆容器来盛放鸡蛋,抗压性好,减少碰撞与挤压带来的损失,如图 6-7 所示。

图 6-7　Happy Eggs 干草包装盒

这是一款既简单又有趣的鸡蛋盒,使用廉价且易得的干草压制而成,外面贴上颜色亮丽的标签纸就行了。它由波兰设计师 Maja Szczypek 设计,非常环保又有野趣。简单、干净、自然,光从干草盒子上就能猜到里面食物的品质,这才是理想的包装设计。

二、符合商品的形态与重量

商品的形态多以固体、液体、膏体为主,不同的形态和体积所产生的重量不同,对包装结构底部的承受力的要求也是有区别的。比如,液体的商品通常采用的容器为玻璃瓶,重量较大,要注意包装结构底部的承受力,以防商品脱落,所以多采用别插底和预粘式自动底。许多玻璃器皿、瓷器等还要添加隔板保护,避免相互碰撞;另外,固体的商品包装结构要便于商品的装填和取用,盒盖的设计非常重要,既要便于开启,又要具有锁扣的功能,避免商品脱离包装。小家电、组装饮料等商品有一定的重量,就要考虑采用手提式包装结构,以便消费者携带,如电饭锅、DVD 机等。因此,商品的形态与重量决定了采用不同形式的盒盖和盒底,如图 6-8 和图 6-9 所示。

图 6-8　伏特加柴火整体包装设计

图 6-9　伏特加柴火盒盖包装设计

三、符合商品用途

商品的用途和消费群体的不同也对包装的结构有不同的要求,设计师对这一点也要充分考虑。对于多次使用、长时间使用或食用的商品,需要重复开启闭合包装,因此在视觉上不仅要频繁刺激消费者,在结构上更要追求美观性、耐用性;对于一次使用或食用的商品,消费者会打开后继而弃之,在结构的要求上相对就简洁些;对于儿童用品的包装结构的设计,则注重包装的造型,通常采用拟态的结构形式的设计,从而迎合儿童的消费心理;对于化妆品类的商品包装,女性化妆品的包装在造型上注重追求线条的柔和性,男性化妆品的包装要庄重大方些。图 6-10 所示为澳大利亚 Polaris 刀具的特色包装设计。包装附带一个 QR 码,使客户能够扫描销售点和功能、保养说明和有关产品的其他信息。

图 6-10　澳大利亚 Polaris 刀具

四、符合商品的消费对象

不同的商品有着不同的消费群,即便是同一品种的商品也会有不同的消费对象,因而商品的装量也就不同,进而就要求设计出相适应的包装造型和容量。如超市卖的冷冻鸡,销售对象多是家庭用户,鸡腿、鸡翅类通常采用一公斤的塑料袋装或盒装,这样的商品数量是适合普通家庭一次食用的,较受消费者的欢迎,如果量过多就会影响销售。再如铅笔,它的销售对象多是学生,应以六支、四支、三支装为宜。因为学生,尤其是低年级的学生,更喜欢新奇多变,如果采用 12 支装、24 支装就会影响销售。还比如大米的包装,家庭装的多为袋装和桶装,通常分别为 2kg/袋、2.5kg/袋、5kg/袋,而适于机关团体食堂的就多采用编织袋装,通常分别为 20kg/袋、50kg/袋。这种以人为本的包装设计,不仅是对消费者的尊重与关心,更是对商品良好形象的树立。在现代激烈的市场竞争中,这也是争取消费者信任、提高效益的一种手段。

五、符合环境保护的要求

随着消费者环保意识的增强,绿色环保概念已成为社会的主流。包装材料的使用、处理,同环境保护有着密切的关系。如玻璃、铁、纸等材料都是可以回收利用的;塑料相对难以回收利用,烧毁时则会对空气产生污染。秋林食品的大列巴面包的包装使用豆包布,通过丝网印刷的方式进行包装,这种包装材料可重复利用或可再生,易回收处理,对环境无污染,同时还给消费者带来一种亲近感,赢得消费者的好感和认同,也有利于环境保护并与国际包装概念接轨,从而为企业树立了良好的环保形象。选用包装材料时,还应当考虑到具体进口国家对材料使用的规定和要求。如我国销往瑞士的脱水刀豆,原设计为马口铁罐的包装,但因铁罐在瑞士难以处理,并不受欢迎。经市场调查后重新定位,将其改为了纸盒的包装形式,这样一来,既轻便又便于回收处理,很受瑞士国民的欢迎,大大提高了销量。再如,许多西方国家对塑料袋的使用都是明令禁止的,通常都采用纸袋的形式,对环境保护作出了贡献。图 6-11 所示为一款食品打包外带的包装设计。

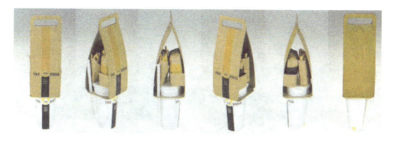

图 6-11 食品打包外带的包装设计

六、符合储运条件的要求

产品从生产到销售,要经历很多环节,其中储运是不可避免的。为便于运输储存,包装一般都能够排列组合成中包装和运输的大包装;为了便于摆放、节省空间、减少成本核算,运输包装一般都采用方体造型。对于异形不规则的销售包装,为使其装箱方便、节省空间和避免异形破损,需要在其外部加方体包装盒,或者通过两个或两个以上不规则的造型组合成方体,以节省储运空间。除此之外,空置的包装也要考虑到能否折叠压平码放来节省空间;另外,销售人员在销售过程中包装成形是否方便快捷也要作为设计的重要条件。这就要求包装设计人员必须具备专业的包装结构知识,不但要考虑展示宣传效果,更要简便易懂,让售货人员能准确操作。图 6-12 所示为一款枕头的新款实用的包装设计。

图 6-12　Mayukori 品牌枕头新颖实用的包装设计

　　一个小纸板手柄包装行李箱,携带方便,易于储存。为了揭示更多产品和面料,在包装盒上打孔,指南的信息可见,这是一个经济和生态的思维方式。为了能让客户重复使用包装箱,可以将其改造成一个马戏团,作为孩子们的玩具。

七、符合陈列展示的要求

　　商品包装的陈列展示效果直接影响商品的销售。商品陈列展示一般分为三种形式:将商品挂在货架上、将商品一件件堆起、将商品平铺在货架上。所以,通常在结构上采用可挂式包装、POP 式包装、盒面开窗式等。不管怎样,不同的包装结构均应力图保持尽可能大的主题展示面,以便为装潢设计提供方便条件。

八、符合企业整体形象

　　设计一个包装,不仅要解决这个包装的自身形象、信息配置等问题,还要合理地解决它和整个系列化包装的关系,以及此包装和整个企业视觉形象的关系等问题。包装设计必须在企业这个 CIS 计划的指导下进行。通过系列化规范设计与制作的包装是现代企业经营管理与参与市场竞争的必要手段。它可以让企业在展示自身形象与对外进行促销活动时,便于管理,降低成本,同时保持高质量的视觉品质。如图 6-13 所示为爱马仕护肤品的包装设计。

图 6-13　爱马仕护肤品的包装设计

设计阐述:此护肤系列灵感来自皮革和旅行,该系列代表了女性的独立、优雅。为了生产新护肤品系列,采用目前品牌标识元素的外观感觉。设计体现品牌的精神和理念,图形和颜色也代表了女性化的特质。

九、符合当前的加工工艺条件

生产加工是实现设计创意的手段,设计师需要不断了解设备更新改进的情况,提高自身的技术力量,以适应设计的要求。但是,技术设备的更新换代毕竟需要一定的条件、时间、资金,设计师在此期间应对当前的加工工艺条件充分地了解,彼此达成默契。还要注意的是,销售包装一般尺寸较小,在设计时要考虑纸张的利用率,避免浪费。

拼版时注意设计方案纸张的排列方向,可减少纸张的浪费,增加印量,节约成本。如图 6-14 所示,设计的展开图如横向拼,可能会造成纸张的很大浪费；如果改变版面的摆放方式，不仅可以减少纸张的浪费，而且可以增加在同一纸张上的单位印刷数量。

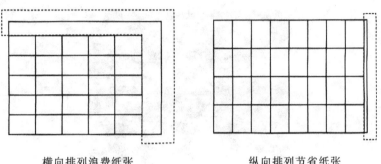

横向排列浪费纸张　　　　　　　纵向排列节省纸张

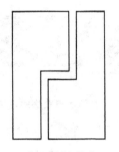

合理拼版形式

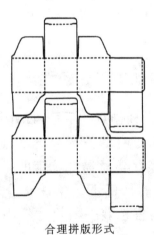

合理拼版形式

图 6-14　拼版形式

第三节 物流包材的使用

一、专用包装技术

根据产品的防护要求,物流包装材料的专用包装技术包括防霉腐包装技术、防潮(湿)包装技术、无菌包装技术、防氧包装技术、防锈包装技术、缓冲及防振包装技术(运输包装)、防静电包装技术、保鲜包装技术等。限于篇幅,本书介绍几种典型的专用包装技术。

(一)防霉腐包装技术

产品或包装件在流通过程中,由于环境中微生物及气候条件(温度、湿度等)的影响,会受到霉腐微生物的污染,从而导致产品或包装件变质或损坏。霉腐微生物生长繁殖的营养条件包括水、碳水化合物、脂肪、蛋白质、无机盐和维生素等。本节讨论的都是含有这些有机成分的产品,如食品、药品等。霉腐不仅会影响产品的口感、营养价值、外观,长期食用霉腐产品还会导致健康问题,因此需要采用防霉包装技术来避免产品发生霉腐。

防霉腐包装技术就是在充分了解霉腐微生物的营养特性和生活习性的情况下,采取相应的技术措施,使内装物处在能抑制霉腐微生物滋长的特定条件下,延长内装物的质量保持期限。要采取相应的防霉措施,就要先了解产品霉腐的本质。一般来说,产品发生了霉腐变质,首先是因为该物品感染上了霉腐微生物,这是物品霉腐的必要条件之一;其次是因为该物品含有霉腐微生物生长繁殖所需的营养物质,这些营养物质能提供给霉腐微生物所需的生长条件(包括碳源、氮源、水、无机盐、能量等);最后是因为有适合霉腐微生物生长繁殖的环境条件,如温度、湿度、空气等,这是物品霉腐的外界因素。其中水分是霉菌生长繁殖的关键因素,在潮湿的环境条件下,霉菌的繁殖速度会大大加快。

(二)防潮(湿)包装技术

对一些产品而言,水分是引起变质的重要因素。产品中水分的变化主要是由大气湿度和环境温度变化引起的。湿气侵入包装内易引起食品发霉变质、金属制品锈蚀等;另外,产品中水分向外扩散、蒸发也会引起一系列变质,如水果、蔬菜失水现象,油漆、胶水干缩现象等。为保证产品在储存和运输中不变质,常常要进行防潮包装,尤其是一些对水分比较敏感的产品,更需进行严格的防潮、防湿包装技术处理。所谓防潮(湿)包装技术,就是采用具有一定隔绝水蒸气(水)能力的包装材料,隔绝内装物与外界的联系,并辅以其他技术措施,稳定内装物中的含水量,防止因潮气或水侵入包装件内,或包装件内水分逸出包装外而影响内装物品质量所采用的包装技术。严格来说,防潮包装与防湿包装有所不同,前者主要是阻隔水蒸气,后者主要是阻隔水。本书谈到的主要是防潮包装。

防潮包装的目的在于防止干燥物品如化肥、水泥、火药和干燥食品等产品受潮变质,防止含有水分的物品如食品、果品、化妆品等物品失水变质,防止有机物品,如食品、纤维制品、皮革等物品因受潮而发生霉腐变质,防止金属制品因湿气作用而变色或生锈。

理论上,大多数材料都有一定的透湿性。使用某种透湿材料隔开两侧空间,当两侧的空气湿度存在差别时,则高湿度一侧空气中的湿气(水蒸气)会透过材料,向低湿度一侧的空气中流动。材料的透湿性是由材料的种类、内部结构、厚度以及环境温度及材料两侧水蒸气的压力差(或湿度差)决定的。理论研究表明,金属箔、玻璃薄片、部分陶瓷的透湿,主要是由材料内部的空穴结构引起的毛细流动所造成的。而纸、纸板、塑料板、塑料膜、橡胶制品和木板材料等的透湿,主要是由纤维或主分子链之间的间隙

（包括分子间空隙与分子内空隙），使活化的水分子扩散或迁移所造成的。

（三）无菌包装技术

无菌包装是灭菌包装的一种类型。无菌包装是指在被包装物品、包装容器或材料、包装辅助材料无菌的情况下，在无菌的环境下进行充填和封合的一种包装技术。

目前，无菌包装技术主要用于食品和药品包装中，且产品、包装材料或容器、包装过程中直接与产品接触的设备器具等可按照其不同的特点及要求采用不同灭菌方法来分开灭菌。

巴氏杀菌是利用低于100℃的热力杀灭微生物的消毒方法，由德国微生物学家巴斯德于1863年发明，至今国内外仍广泛应用于牛奶、人乳及婴儿合成食物的消毒。巴斯德通过大量科学实验证明，如果原奶加工时温度超过85℃，则其中的营养物质和生物活性物质会被大量破坏，但如果低于85℃时，则其营养物质和生物活性物质被保留，并且有害菌大部分被杀灭，有些有益菌却被存留。所以，将低于85℃的消毒法称为巴氏消毒法。由于巴氏消毒法所达到的温度低，故达不到完全灭菌的程度。但是它可使布氏杆菌、结核杆菌、痢疾杆菌、伤寒杆菌等致病微生物死亡，可以使细菌总数减少90％～95％，能起到减少疾病传播，延长物品的使用时间的作用。

超高温短时杀菌是指在135～150℃温度下，对被包装食品进行杀菌处理几秒至几分钟，短时高温能保证杀菌效果，而且还可保证食品质量与风味等。

产品灭菌还可采用微波加热灭菌、电阻加热灭菌、高电压脉冲灭菌、超高压灭菌等技术，热效率高，灭菌效果好。

（四）缓冲及防振包装技术

包装件在运输流通过程中，要经历运输、装卸、搬运和仓储等环节，在这些环节中都有可能因冲击和振动为产品带来危害。缓冲(防冲击)及防振包装技术就是要确保产品在运输过程中不致因冲击和振动而破损,从而减少经济和功能上的损失。对于危险产品,还要妥善包装,以保障人员及财产的安全。

运输包装学(又称包装动力学,因其主要研究的是包装力学问题而得名)就是一门研究产品及其包装在动态载荷(冲击与振动)作用下的运动规律、损坏形式及其保护功能的科学。

运输包装的研究,为揭示产品包装在流通环境中的运动规律,合理进行包装结构设计、保护产品、减少包装损失提供理论依据,它是包装工程学科的一个重要组成部分。

谈到缓冲包装设计,不能不讲到国际包装界通用的缓冲包装设计五步法。它是 1945 年美国人 R. D. 闵德林在他的博士论文中提出来的,经过 20 世纪 60～80 年代的不断深化与改进,现在,缓冲包装设计方法已经被正式列入美国《冲击与振动工程手册》、美国试验与材料学会(ASTM)标准。

缓冲包装设计五步法指出,在进行缓冲包装设计时必须遵循以下步骤:

(1)确定产品的流通条件(冲击振动情况),包括力学环境条件(搬运、装卸、运输、储存)、生化环境条件、气候条件等。

(2)确定产品的力学特性(G 值及其他特性),包括产品损坏边界曲线、产品的固有频率、产品的抗压强度等。

(3)选择缓冲材料(选材,利用材料的缓冲系数 C 及其特性曲线选择)。

(4)缓冲衬垫的设计(计算厚度、面积 A 及结构,校核)。

(5)对包装件与材料进行试验(在规定条件下进行试验)。

美国拉斯蒙特公司提出了缓冲包装设计六步法,进一步完善了上述五步法,并给出每一步应当贯彻的 ASTM 标准。六步法是在对包装件与包装材料进行试验之前增加一个改进包装产品设计的环节。

汽车、火车、飞机、船舶等交通运输工具在运行时,因受到路面状况、发动机振动、空中气流、水面风浪等因素的影响而产生上下左右的颠簸和摇晃,从而导致包装件的振动。虽然振动时产生的冲击加速度不大,但当该振动的频率接近产品的固有频率时,就会产生共振,易导致产品破损。此外,长期的振动会使产品产生疲劳损坏,也会使产品与包装容器通过摩擦而产生损伤。因此产品的防振包装不容忽视。

防振包装设计的原理是通过调节包装件的固有频率,并且选择恰当的阻尼材料,把包装系统对振动的传递率控制在预定的范围内。具体来说,可以通过改变缓冲衬垫的材质、密度和几何尺寸来控制包装系统的振动传递率,以避免发生共振。

由于一般的缓冲材料都具有阻尼特性,因而缓冲衬垫都具有隔振或防振的作用。所以,一般遵循先进行缓冲设计,然后再对其防振能力进行校核的基本原则。

二、通用包装技术

(一)充填技术

所谓充填,是指将产品(被包装物料)按要求的数量或重量放到包装容器内。

充填精度是衡量充填技术的一个重要因素。充填精度是指装入包装容器内物料的实际数量值与要求数量值的误差范围。在实际生产中有很多因素影响充填精度,如设备所达到的技术水平、产品的种类及价值等。充填精度要求越高,所需设备的价格也就越高。因此,要根据生产的实际情况确定最优充填精度。

物料充填一般归结为两大类:液体物料的充填和固体物料的充填。

液体物料的充填,国内称为灌装。需要灌装的液体物料很多,涉及食品饮料、洗涤用品、化工产品等。液体物料的化学、物理性质各不相同,故灌装方法也不同。液体物料中影响灌装的因素主要有黏度、液体中是否溶有气体以及起泡性和微小固体物含量等。在选用灌装方法和灌装设备时,首先要考虑的因素是液体物料的黏度。

固体物料的范围很广,按形态可分为粉末、颗粒和块状三类;按黏性可分为非黏性、半黏性和黏性物料三类。非黏性物料有干谷物、种子、大米、砂糖、咖啡、粒盐、结晶冰糖和各种干果等,将它们倾倒在水平面上,可以自然堆成锥体,又称为自由流动物料,是最容易充填的物料。半黏性物料有面粉、粉末味精、奶粉、绵白糖、洗衣粉、青霉素粉剂等,这类物料不能自由流动,充填时会在储料斗和下料斗中搭桥或堆积成拱状,致使充填困难,需要采用特殊装置破拱。黏性物料有红糖粉、蜜饯果脯和一些化工原料等,这种物料相互之间的黏结力较大,流动性极差,充填更为困难。黏性物料不仅本身易黏结成团,甚至会黏结在容器壁面上,有时甚至不能用机械方式进行充填。

(二)装盒(箱、袋)技术

盒是指体积小的容器,如牙膏、肥皂、药品、文教用品和各种食品盒。大部分包装盒都用纸板制成,用于销售包装,有时装瓶装袋后再装盒,或装小盒后再装较大的盒。多数盒装物品在市场和零售商店里可直接陈列于货架上。

(三)热成形包装技术

热成形包装又叫卡(式)片包装。其特点是热塑性的塑料薄片加热成形后形成的泡罩透明,可清楚地看到产品的外观,同时作为衬底的卡片可以采用印刷精美的图案和产品使用说明,便于陈列和使用。包装后的产品被固定在泡罩和衬底之间,在运输和销售过程中不易损坏,故这种包装方式既能保护产品,又能起到促销的作用。

热成形包装用于医药、食品、化妆品、文具、小工具和机械零件,以及玩具、礼品、装饰品等方面的销售包装。

热成形包装包括泡罩包装和贴体包装。它们虽属于同一类型的包装方法,但原理和功能仍有许多差异。

泡罩包装技术是 20 世纪 50 年代末德国首先发明并推广应用的,起初是用于药片和胶囊的包装,当时是为了改变玻璃瓶、塑料瓶等瓶装药片服用不便,包装生产线投资大等缺点,加上剂量包装的发展,药片小包装的需要量越来越大。

这种包装重量轻,运输方便;密封性能好,可防止潮湿、尘埃、污染、偷窃和破损;能包装任何异形品;装箱不另用缓冲材料,同时具有外形美观、方便使用、便于销售等特点。此外,对于药片包装还有不会互混服用、不会浪费等优点,所以近年来发展很快。20 世纪 80 年代初,针对普通泡罩包装阻隔性能有限等问题,人们又开发了冷冲压成形工艺,用复合高强度合金铝箔的冷冲压成形硬片做成泡罩材料,使其具有较好的阻水蒸气、氧气及隔光性能,提高了药品的保存期。

贴体包装技术与泡罩包装技术类似,由塑料片材、热封涂层和卡片衬底三部分组成。其特点有两个:一是透明性好,可作为货架陈列的销售包装,如悬挂式;二是保护性好,特别是可包装一些形状复杂或易碎、怕挤压的产品,如计算机磁盘、灯具、维修配件、玩具、礼品和成套瓷器等。

(四)热收缩(膜)裹包与拉伸(膜)裹包技术

热收缩(膜)裹包技术是用加热后可收缩的塑料薄膜预先包裹产品或包装件,然后加热使薄膜收缩紧紧包裹产品或包装件的一种包装方法。热收缩(膜)裹包技术在成本、包装物重量、容量、货架展示能力及回收方面极具优势,无论在销售包装方面还是运输包装方面,应用得都很广泛。目前国外已经有用热收缩包装完全取代纸箱或半托盘纸箱的案例,若用热收缩包装取代纸箱,成本可下降 30%,但这种包装对物流环境也要求较高。

拉伸(膜)裹包技术是用可拉伸的塑料薄膜在常温和张力条件下对产品或包装件进行裹包的方法,适用于某些不能受热的产品的包装。拉伸(膜)裹包技术节约了能源,便于集装运输,降低了运输费用。

　　这两种包装方法原理不同,但产生的包装效果基本一样。

　　热收缩(膜)裹包技术与热成形和贴体包装技术都是在 20 世纪 70 年代进入我国的,并得到了飞速的发展和广泛的应用,被认为是 21 世纪发展最快的三种包装技术,也是一种很有发展前途的包装技术。

第七章　优秀包装设计实例分析

包装设计是将技术活动与艺术活动相结合的一种创造性行为,在创作过程中即便是再简单的选材、造型、样态、色彩和图案等,也包含形式美的因素,体现不同国家、地区或者民族特有的情感信念和价值理念。本章选取部分优秀的包装设计实例进行分析。

第一节　设计流程

包装设计本身就是一种深刻的生产性活动,是文化和美的创造,是将技术活动与艺术活动相结合的一种创造性行为,在这种复杂的创造活动当中要遵循一定的工作流程。从设计者接到设计任务到最后包装成品在市场上流通检验,大致经历如图7-1所示的设计流程。

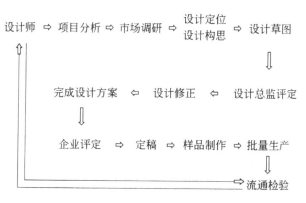

图7-1　设计流程

一、项目分析

设计者接到设计任务后,首先要对设计项目进行分析,了解项目的类别、性质等内容,有的放矢地进行下一步工作。

对设计项目进行分析是设计工作的重要组成部分,设计项目分析主要从以下几个角度进行:

(1)设计项目概况。设计项目概况包括项目的名称、项目发起方、项目背景等。比如项目发起方,主要指生产产品的企业,针对设计项目来说主要需了解以下内容:企业的生产规模、管理能力、产品质量现状;产品的造型、色彩、使用方式以及有无特殊的包装要求;企业有无 CI 计划,企业标准色彩、文字以及企业标识;企业的包装机械对包装的要求;企业主管领导及有关部门对新包装的要求;以往企业销售部门所收到的有关产品包装的社会反应等。

(2)设计项目行业发展状况。设计项目行业发展状况包括包装行业的现状、以往的产品包装状况及企业对新包装的期望值。包装行业发展趋势如何,包装设计的现状如何,对这些问题的分析可以从包装造型、包装风格、包装类型、包装材料等方面考虑。

(3)设计项目市场分析。设计项目市场分析包括产品市场的现状、市场的趋势、市场定位营销策略、产品价格策略、产品销售情况等。

(4)设计项目财务评价。设计项目财务评价包括企业的广告及包装费用的筹集与使用、财务预测、收入预测、成本及费用估算等。

(5)设计项目价值评估。设计项目价值评估包括社会效益体现、经济效益体现等。

项目分析对设计者来说是一项很重要的工作,只有通过透彻充分的分析,才能明确哪些内容需要通过企业了解,哪些内容需要在市场上了解。只有对设计项目进行充分了解,才能给产品一个合理、合适的包装定位,这个包装才有可能得到企业和市场的认同。

二、市场调研

成功的包装设计应该是经过市场认可,并且能够创造经济效益的设计。设计不仅仅表现设计者个人的意志,而是设计者结合设计项目,在对设计项目进行了解和分析的基础上走进市场,了解市场需求之后的设计行为,市场调研对包装设计具有十分重要的意义。

这里要讲的市场调研,是指设计者针对设计项目进行市场调研。要求设计者了解自己要设计的产品的市场情况,了解自己为之服务的厂商的竞争对手的产品包装情况,了解相同产品或同类产品包装设计的成败情况,以及对销售的影响等因素。有了详细的市场调研,设计者才可能有一个设计方向,才能做出一个比较理想的产品包装的设计方案。

(一)通过消费者进行调研

把需要向消费者了解的内容做成问卷的形式,请消费者帮助解答,这种方式使用方便,消费者容易接受。还可以通过电话的形式向消费者了解产品的使用情况,对产品包装的满意度等相关问题,可以听到他们对设计的直接意见。向消费者进行调研时间一般不能太长,否则会引起消费者的厌烦,进而影响消费者对产品的印象,影响产品销售。

(二)通过销售点进行调研

设计师可以选择有代表性的数家不同类型的商店,定时观察选定的产品的销售情况和消费者对产品包装的反应,通过观察可以了解不同类型商店该产品的陈列方式,该产品的陈列方式是否符合产品的销售方式的定位,以便进行改良。通过询问销售点销售该产品的营业员,了解这类产品的销售情况,消费者对产品包装的反应等问题。

(三)通过企业进行调研

通过咨询企业的人员了解企业的情况和产品的情况,例如,企业的生产规模、管理能力、产品质量现状;企业每年的广告及包装费用;企业以往的产品包装状况及企业对新包装的期望值;产品的造型、色彩、使用方式以及有无特殊的包装要求;企业有无 CI 计划;企业的包装机械对包装的要求;企业主管领导及有关部门对新包装的要求;以往有关产品包装的社会反应等。

市场调查的渠道很多,但对于包装设计专业来讲以上几种是我们可以身体力行,而且行之有效的。

三、创意草案的形成与设计可行性研究

经过以上调研之后,我们对所要设计的产品以及与之相关的生产、销售情况都会有一个比较明晰的印象,为产品包装的合理定位做好铺垫。把产品的定位把握好之后,就可以进行不同类型的包装创意设计。

包装的创意设计一般通过草图来体现,设计师把创作的设计草图提供给总设计师或艺术总监审定、判断。总设计师或艺术总监在整个设计过程中负全面责任,随时会对设计进行指导,对草图提出一些意见和建议。设计师按照总设计师或设计总监的意见进行修改之后,设计草案才可以确定。确定后的设计草案需要提交给用户,由企业组织相关方面对草案进行可行性研究论证,设计师也应该参加论证,以便加以修正。

四、设计定稿、出样

通过可行性研究论证之后,设计师对设计进行最后的修改,经再审或者再修改直到定稿,这样才算完成包装设计。

把包装设计生产出来,仍需要设计师制作印刷制版稿,把文件发排,生产出要使用的印版,然后打样,交客户认证即可投入生产。

五、交付生产、流通检验

包装印刷会涉及多种印刷工艺，如烫金、压凸、上光等，投入生产之前，设计师还要根据设计方案做一些印刷工艺的工作，比如做模切版设计，浮雕压凸版设计、烫金等，印刷完成后，进行样品核对，确认设计无误后方可进入成形工序，交付生产。

新包装生产出来，可以少批量上市，设计师通过市场对包装的评价和反馈，了解新包装的使用情况，对于存在的问题及时进行修改，同时为以后的设计积累经验，这样就完成了包装设计的全过程。

进入消费时代后，随着生活水平的提高，以及道德观念的多元化，人们逐渐改变了保守的传统消费观念，开始从单纯的物质消费转向文化和审美消费。民族文化、时尚元素、功能多元化等成为现代包装设计的特征，这一要求不仅指向更多文化艺术产品的直接生产，更指向日常生活中最为普通和普遍的各种消费产品的生产。在设计过程中只有加强产品生产中的文化审美元素，遵循设计的工作流程，才有可能获得大众的青睐，创造良好的市场效益。

第二节　设计定位

产品包装设计只有经过市场的检验才称得上是成功的作品。市场调研是设计工作的第一步，只有对设计项目进行充分分析，在了解市场、了解产品、了解消费者心理的基础上进行包装设计的定位和构思，才能获取正确的价值取向，实现产品包装的价值。

创意是包装设计的灵魂，而创意并非是天马行空的想象，需要针对具体的产品、客户和消费者展开。因此，创意的重点并非简单的形式设计，而是如何把握住设计对象的本质并将其完美地表现出来,即解决"What"以及"How"的问题。

"What"是关于设计的目的是什么,需要表现什么的问题,即设计定位。

"How"则是如何去表现,采用什么手段去表现的问题,即设计构思。

为了解答第一个问题,我们需要进行大量的市场调研,这在前面的工作中就已经解决了,现在就需要对搜集资料进行综合分析从而对设计项目进行准确的定位。而第二个问题则要在解决第一个问题的基础上,针对设计定位采用何种手段和形式进行表现。

设计者对设计项目进行定位,可以从多个角度进行考虑,比如包装设计的创意定位、表现形式的定位、销售方式的定位等问题,如何解决定位问题,其核心内容主要有以下三点:

一、谁在卖——品牌定位

品牌定位说到底是产品的归属性问题,就是产品的生产厂家是谁,让消费者在购买时明确产品的品牌。

包装是一种销售手段,它代表了公司的形象,是企业的无形资产。一个新生品牌,需要包装的销售,树立良好的企业形象,增加销售;一个知名品牌则凝聚了消费者的信任,是商品品质的保证。

从市场营销的角度来看,20 世纪五六十年代的产品竞争主要体现在价格竞争上;七八十年代的产品竞争主要体现在质量竞争上;而随着科技的进步和各个生产企业生产手段的日益接近,使得各品牌产品的价格和质量方面相近,难以形成强有力的竞争,20 世纪 90 年代以后,产品的竞争主要体现在品牌形象的竞争。

消费者对于品牌的了解无法从企业内部深入进行,而包装就是品牌与消费者直接接触的媒介之一。可以说,包装是品牌形象的物化体现。

例如,可口可乐经典可乐瓶,它是著名设计师罗维 20 世纪 30

年代的成功之作,他配合公司标志赋予瓶子曲线造型,如图 7-2 所示。有人评论说:"它(可乐瓶)的形状极具女性的魅力——这一特质在商品中有时会超越功能性。"的确如此,全世界无数的可口可乐爱好者们所钟情的已经不仅仅是那棕色的液体,那微妙、柔美的极具美感的曲线外形带给人无限的遐想。罗维的设计获得巨大的成功,为可口可乐公司带来巨大利润,而可乐的经典瓶形也迅速成为美国文化的象征。

图 7-2　可口可乐经典可乐瓶

　　经过了一个世纪,可乐瓶依然存在,这在包装史上几乎是个奇迹,这个玻璃瓶已经不仅仅是一个简单的包装,消费者在使用的过程中所关注的不仅仅是瓶中的可乐,更重要的是与可口可乐相伴走过的漫长岁月,各种主题的可乐瓶甚至成为收藏品,如图7-3 所示。

图 7-3　现代的各种可乐瓶

正是因为这个经典可乐瓶已深入人心,尤其是它那独一无二的外形更是为人所熟知,可口可乐公司以这个经典瓶形为创意要素制作了很多广告,甚至在其官方网站中,这个经典的玻璃瓶也占据核心位置,如图 7-4 所示。

图 7-4　可口可乐官网

包装设计中对于品牌的体现可以从以下三个方面进行:

(1)品牌色彩。企业在品牌形象设计中采用一种或一组特定的颜色(即 VI 设计基础系统中的标准色与辅助色),用于各种视觉形象推广中,成为品牌形象色。在设计中突出使用品牌形象色,能有效地配合企业的整体宣传策略,准确地传达出企业的经营理念和气质特点。例如,麦当劳包装采用红色和黄色两种标准色作为包装主色,色彩设计语言简洁、概括、清晰、明了,在消费者心目中留下了很深的印象,如图7-5所示。

图 7-5 麦当劳包装

而图7-6所示的麦当劳节日包装中,虽然没有使用标准色作为主色,但是红色的标识和节日问候语仍然可以使人感受到麦当劳的品牌色彩。

图 7-6 麦当劳节日包装

(2)品牌标识。标识是一个企业进行形象宣传的核心要素。标识具有象征功能、识别功能,是企业形象、特征、信誉和文化的浓缩,一个设计杰出的、符合企业理念的标识,会增加企业的信赖感和权威感,在社会大众的心目中,它就是一个企业或品牌的代表。在包装中使用品牌标识是一种最为直接体现品牌的方法,同时达到"少即是多"的效果。

(3)品牌图形形象。品牌图形形象包括品牌的辅助纹样、吉祥物,是视觉识别设计要素的延伸和发展,是设计要素中的辅助符号。图 7-7 所示的面包包装使用曲线的辅助图形,使设计要素更加具有设计表现力,强化视觉冲击力,使画面效果富于感染力,最大限度地创造视觉诱导效果。

图 7-7　面包包装(杰克·安德森)

二、卖什么——产品定位

产品定位主要解决卖什么的问题,这也是产品包装必须明确解决的问题。通过产品包装可以传达给消费者的信息有很多,包装设计强调信息的快速传递,而非捉迷藏,如何在最短的时间内将商品的信息准确地传递给目标消费者,才是包装首先应该解决的问题。

(1)强调产品特色。产品特色是产品与同类产品相比的差异性。例如,产品原产地具有很强的品质优势、产品成分与众不同、产品的功效和作用等,都可以作为诉求的重点。

如图 7-8 所示的麦酒包装中使用麦子的图形,以突出产品材料中的“麦子”成分,形成与其他酒包装的差异。同时在设计中突出产品原材料,可以使消费者产生信赖感。

对于那些具有传统文化特点的产品,可以重点突出它的原味和正宗,如一些土特产往往选择陶、草编、竹、木、藤、麻等天然材料,采用较为传统的包装方法,散发出淳朴自然的气息,体现出传统文化特征。

图 7-8　麦酒包装（石浦弘幸）

（2）准确体现产品的档次。不同的商品针对不同的目标市场和用途，包装应该准确地体现商品的档次，设计师不能片面追求包装的高档。低档产品高档包装，给人以"假冒伪劣"的感觉；另一方面，"一流的产品，二流的包装"则无法体现产品的内在品质，不仅附加值低，而且会降低消费者对产品的信任度，缺乏市场竞争力。

（3）符合产品销售方式。商品最终需要通过销售与消费者沟通，包装设计就要根据销售方式进行设计。如果是在超市展示的小型日用品，可以考虑采用通透式设计，强调产品的真实感，消费者可以直观地观察商品；而吊挂式包装拿取方便，展示性强。

三、卖给谁——消费者定位

消费者定位主要指产品的诉求对象是谁。商品的包装设计与宣传的最终目标是消费者，只有从消费者的角度进行设计构思，体现出消费者的特点，才能够做到"对症下药"。产品的诉求对象定位准确，产品包装才能更好地起到促销的作用。

（1）目标消费群的地域特点。城乡之间、沿海与内陆、不同民族、不同国家之间对于美的认识是不一样的，包装设计必须要尊重销售地的审美习惯和风俗特点，避免采用受排斥甚至忌讳的色彩、图形。如在沙漠地区的国家，设计包装时可以考虑采用绿色、蓝色等冷色调，舒缓气候带来的炎热感。

（2）目标消费群的消费特点。不同性别、不同年龄、不同收入、不同职业、不同文化环境的消费者具有不同的消费观念，对于审美、时尚、文化的态度也不同，设计要符合他们的消费特点。例如，老年人思想较为传统，对时尚、前卫不易接受；年轻人对时尚很敏感，消费观念较为前卫，敢于接受新事物，对于那些现代的前卫观念感兴趣并乐于接受；儿童对于文字内容不敏感，但是对于鲜艳的颜色和可爱的卡通图形情有独钟，当然，那些类似于玩具的包装造型更能吸引他们的视线。

需要注意的是，在进行包装设计定位的时候，并非是单一的，这三种定位策略在设计中应综合体现，但应有主次之分，不过无论如何，对于消费者的定位策略是不能忽视的。

第三节　设计思维

从功能构思思维设计：为捐献或义卖而销售设计、参加竞赛设计、发现新用途设计、鼓励包装设计、使包装成为某种物品的部分代替设计、发现第二种用途设计、使包装变成香郁宜人设计、把包装当作用具来卖设计等。

从材料构思思维设计：用布设计、用麻设计、用玻璃设计、用陶瓷设计、用竹木设计、用纸张设计、用皮革设计、用复合材料设计、用塑料设计、用马口铁设计、用铝合金设计等。

从对象构思思维设计：使包装成为年轻型的设计、使包装成为儿童型的设计、使包装成为壮年型的设计、将包装向男士诉求设计、将包装向女士诉求设计等。

从改进构思思维设计：把要素重新配置设计、只变更一部分设计、减掉包装设计、使包装成为一组设计、使包装化合设计、撕开包装设计、改用另一种形式表现设计、增添怀旧的诉求设计、以性感作诉求设计、把包装除掉设计等。

从经济构思思维设计：用替代品卖设计、价钱更低设计、抬高价格设计、以成本价出售设计、提供特价设计、免费提供设计、提升声誉设计、提供维护服务设计等。

从销售构思思维设计：置于不同的货柜设计、用不同环境设计、把组合设计、给包装起商号设计、用不同背景设计、把包装打开设计、把包装移位设计等。

从容器构思思维设计：把产品放进盒中设计、把产品倒进壶中设计、把产品倒进缸中设计、把产品弄直设计、把包装褶曲设计、把产品缠起来设计、增加慰藉的诉求设计、使产品变成酸的设计、使产品濡湿设计、使产品脱水设计、使产品干燥设计、把产品冻起来设计、把产品抛出去设计等。

从文字构思思维设计：把包装放进文字里设计、结合文字和音乐设计、不要图画的设计、不要文字的包装分割开设计、用简短的文案设计、用冗长的文案设计等。

从形态构思思维设计：变换包装的形态设计、把包装变为圆形设计、把包装变为正方形设计、使包装更长设计、使包装更短设计、使包装变成立体设计、使包装变成平面设计、用显而易见的形式设计、运用新艺术形式设计、使包装弯曲设计、使包装成为粉状设计、从大小构思思维设计；把包装缩小设计、使包装更大设计、使包装更小设计、使包装重复设计、使包装凝缩设计、使包装轻盈设计、使包装锐利设计、变更包装的外形设计、把包装框起来设计等。

从方向位置构思思维设计：如把包装颠倒过来设计、把包装摆平设计、使包装相反设计、割开包装设计、使包装成对设计、使包装倾斜设计、使包装悬浮半空中设计、使包装垂直站立设计、把包装由里向外翻转设计、把包装向旁边转设计、使包装不对称设计等。

从空间构思思维设计：使包装沉重设计、使包装不对称设计、变换气味设计、把包装除臭设计、变更成分设计、增加新成分设计、使用另外的物料设计、把包装捆包起来设计、把包装集中起来设计、拧搓包装设计、把包装填满设计、把包装弄成空的设计等。

从色彩构思思维设计:把颜色变换一下设计、改变色调设计、使包装更冷设计、把包装透明起来设计、使包装不透明设计、使包装更暗设计等。

从动态构思思维设计:动态化包装设计、使包装闪动设计、使包装发出火花设计、使包装发萤光设计、把包装插进音乐里设计、结合文字设计、音乐和图画设计、电气化设计、使包装活动设计、使包装滚转设计、摇动包装设计、使包装可以折叠设计等。

从风格构思思维设计:夸张设计、使包装罗曼蒂克设计、使包装未来派设计、使包装看起来像未来派设计、运用象征设计、包装写实派设计、变为摄影技巧设计、变换为图解方式设计、使用新广告媒体设计、增加香味设计、增添怀旧的诉求设计、使包装富有魅力设计、增加人的趣味设计、把包装封印起来设计、使用视觉效果设计、使包装软化设计、使包装硬化设计、使包装轻便设计、使包装更滑稽设计、使包装拟人化设计、使包装成为被讽刺的设计、使产品无刺激性的设计、使产品单纯化设计、使产品具有刺激性的设计等。

其他:可以把以上各项任意合在一起组合设计。

第四节　构思方法

包装设计作为发展的审美实践活动,在创作过程中离不开艺术的创新,创新是设计的灵魂,而创新的基础就是构思。包装设计构思是把"眼中自然"转化为"心中自然"的过程,是把心中意象逐渐转化为物态化的一种心理活动。

构思是设计师必须全身心投入的全面而又深刻的创造活动,要求设计师充分体现商品特性,体现包装的新意,引起消费者购买的欲望。在包装设计构思活动过程中,关键要从四个方面入手:研究消费市场,把握消费群体的消费心理特点、审美趣味;研究包装材料和所需承重,发挥材料的性能和美感;研究工艺,运用合适的工艺技术进行表现;最终,运用相应的设计规律、设计方法和设计技巧将三者统一到具体的设计中,从包装整体风格的确定、材料的选择、造型的设计、平面设计各要素的表现等角度,对项目的设计表现进行初步的构思策划。下面介绍几种常用的构思方式。

一、具象性构思方式

商品包装的具象性表达,可以理解为用逼真的、写实的手法来表现商品的包装形象。具象性构思方式的优势在于商品包装能够准确表达产品的信息,一目了然。图形的真实表现,色彩的准确表达加上文字的辅助说明,都能准确传递商品的信息。图形的具象表现可以通过摄影和超级写实的艺术手法来表现产品的形象,以满足具象性表达的要求。

包装形象的具象符号能直接反映包装内容物的图形、色彩形象。具象符号比较直接,是一般产品包装选用的符号,容易被大众接受。食品的包装一般用具象图形体现商品的内容,容易理解。如图 7-9 所示的水果果冻包装,采用具象的水果图片准确表现出商品的口味,直观有效。

图 7-9　水果果冻包装

二、趣味性构思方式

包装的促销功能在一定程度上给商家和企业带来了丰厚的经济利润,给社会带来了一定的财富。采用趣味性的包装已成为当今比较流行的包装形式。可以从产品的造型、图形、色彩等方面采用有趣的构思形式来表现包装。生动有趣、出人意料的构思方式,能够达到更好的销售目的。尤其是儿童商品的趣味性包装体现得更加明显,色彩的鲜艳与强烈,卡通漫画的图形处理,造型的别致等方面都能增加包装的趣味性,满足孩子天真烂漫的童性。

图 7-10 所示的儿童糕点包装构思新颖独特,一套包装由 6 个不同形状积木造型的盒子组成,像七巧板一样。鲜艳的彩色图形、大大的白色数字、内包装的骰子图形都充满着玩具感,孩子们在吃完糕点后还可以把包装留下来作为益智积木玩具,充分体现了循环利用的环保概念。

图 7-10　儿童糕点包装(姜亨模)

三、抽象性构思方式

抽象性构思方式指用抽象符号表现商品包装的形象,主要指点、线、面抽象元素的视觉体现。在当今包装形象中,抽象元素的使用频率日益增多,越是高档的产品包装,应用得越多,这是因为,点、线、面的抽象元素,有其自身的优越性。

抽象派画家康定斯基在论述点、线、面的特征和功能时说:"点、线、面是造型艺术最基本的语言和单位,它具有符号和图形特征,能表达不同的性格和丰富的内涵,它抽象的形态,赋予艺术以内在的本质及超凡的精神。"在包装设计中通过点、线、面与黑、白、灰的关系来组织画面的形象,给人一种更加理想的包装效果。

四、联想性构思方式

联想性构思方式就是通过包装传递的信息产生联想。这种构思方式可以增强人的想象空间,由一联想到二,由包装元素联想到产品,由包装设计联想到产品文化。

这种构思形式能够在一定程度上增强产品的魅力,为塑造品牌起到很好的辅助作用。在包装设计元素中,色彩的联想性更强,商品包装所使用的色彩,会使消费者产生联想,诱发各种情感,使购买心理发生变化。比如,洗洁用品用冷色调较多,尤其是蓝色,给人一种清新干净的感觉。在绘制食品包装时,用橙色、橘红色能使人联想到丰收、成熟,从而引起顾客的食欲而引发购买行为。

第五节　包装的制作

包装设计方案的最终敲定,只是完成包装平面视觉设计的一部分,要将包装设计想法变为实物,还需要借助不同的包装材料实现,同时对加工工艺也有一定的约束,如出片、打样、印刷等。
我们以纸包装为例,了解完成一个包装设计方法要转换成实物制
作阶段的准备工作和实施过程。

一、设计正稿的制作

包装设计正稿就是要制作包装的平面展开图,不同结构的包
装,其平面展开图也不相同,对六面体造型的纸包装项目而言,就
是要完成六个展示面的设计;对于罐装包装,就是要绘制罐体的
平面展开设计;而对于瓶类包装则比较简单,完成各部分瓶贴的
设计即可。下面以达立普洱茶六面体纸包装盒为例完成包装设
计正稿的制作。

(一)工具的选择

1.常用软件

包装平面展开图通常是在计算机上完成的,计算机辅助制作
既准确又快捷,最大的好处是可以修改。可以选择的软件有很
多,Photoshop、Illustrator、CorelDRAW、Indesign、Freehand 等二
维设计软件都可以准确地进行表现。但是由于 Photoshop 主要
是针对像素图进行操作,文件偏大,尺寸的更改会影响图像的质
量,所以,在包装设计制作时大多用来进行图像素材的处理。

本例中采用 Illustrator 软件完成制作,由于是矢量设计软件,
制作文件比较小,同时便于修改和尺寸调整。

2.制作要点

(1)准确设置尺寸。设计正稿的尺寸尽量在新建文件时就设
置为原大,这样可以避免尺寸修改带来的布局变化。

如果使用 Photoshop 图像处理软件制作输出稿,就更要避免
尺寸做大的调整,否则会影响图片的质量。

（2）把握图片分辨率。为了确保输出的效果，包装中使用的所有彩色图片分辨率都应该在 300dpi 以上，灰度图片分辨率在 150dpi 以上。

如果使用 Photoshop 图像处理软件制作输出稿，在新建文件时就应该将分辨率设置好，不要在制作完成后再提高分辨率，这样会造成输出质量的降低。

（二）平面展开图的制作

1.确定尺寸

包装尺寸的确定需要经过细致的调研分析，严格根据产品的尺寸和形状设定，必要时需要制作样品进行尺寸的确定。

在本例中我们设计的普洱茶包装是一个基本的六面体纸盒，尺寸为长 14cm、宽 6cm、高 4cm。

2.结构设计制作

这个包装纸盒是一个长方体，盒盖和盒底分别在上面和下面。由于产品是袋装茶，重量很轻，结构处理上对于承重性的要求就略低一些，采用最简单的摇盖插入式结构即可，这种结构设计便于消费者开启。

（1）绘制基本结构。首先将四个侧面按照各自的尺寸绘制好，并安排好各自的位置，然后在两侧错位加上盒盖和盒底。这种处理方式可以增加包装结构的稳定性，同时也可以更好地保护商品，在制作时特别需要注意尺寸的衔接，如图 7-11 所示。

（2）完成辅助结构。一个六面体纸盒有六个展示面，要想组合成纸盒，必须要有一些辅助的结构，虽然在最终外观上看不出来，但是关系到纸盒的完整和结构的稳定，如图 7-12 所示。

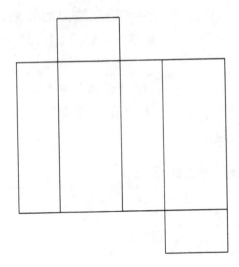

图 7-11　设定尺寸和位置

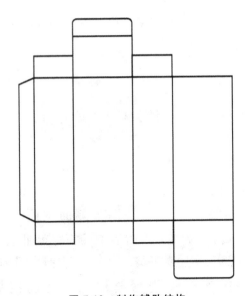

图 7-12　制作辅助结构

　　粘贴部分:对于一个管式纸盒,在侧面上需要有粘贴的部分,通常粘贴部分的两边做倾斜处理,防止粘贴时略有不齐就会伸出,影响美观。

　　插接部分:插舌、挡板的处理。

　　(3)细节调整。对其他细节进行处理,如咬合的处理。

　　由于纸张本身具有弹性,盒盖在插入盒体后,盒盖很容易弹开,为了避免这种情况出现,通常要对包装进行咬合处理。在插舌上进行切割,与舌根处的凸起相配合,形成咬合关系,防止盒盖弹开,如图 7-13 所示。

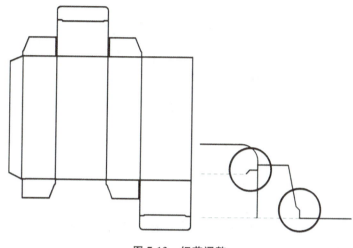

图 7-13　细节调整

3.完成平面展开图

完成六个展示面的视觉效果设计,注意不要混淆各个展示面的位置,特别是上、下两个展示面图形和文字的方向,如图 7-14 所示。

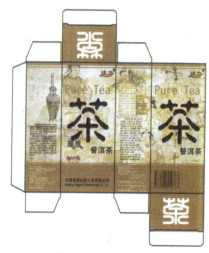

图 7-14　平面展开图

(三)效果图的制作

平面展开图制作完成后,由于平面效果和立体效果会产生差别,尤其是各个展示面之间的关系,在平面状态下无法准确地进行观察、判断和调整,因此,制作立体效果,从包装的实际展示状态观察包装设计立体状态下的实际效果,可以对不满意、不合理的部分进行重新设计或调整。

包装立体效果的表现可以采用两种方式:运用计算机制作立体效果、选择合适的材料制作实际的样品。

1. 计算机效果图表现

随着科技的发展,计算机已经深入我们日常工作生活中,影响着我们的生活方式和观念。对包装设计而言,计算机使包装效果表现摆脱了环境和现实的束缚,设计师进入想象与自由创作的新领域。利用计算机进行包装效果图的表现,无须制作实物就可以营造逼真的实际效果,直观进行包装效果的检测,可以说是一种方便快捷的方式。

效果表现的手段是多样的:Photoshop 图像处理软件、3D MAX 三维设计软件等都可胜任,可以根据自己的实际情况进行选择。Photoshop 可以制作静态效果,而 3D MAX 可以制作全角度的动画效果,可以全方位观察包装。

2. 包装样品制作

制作计算机效果图只是一种过程的辅助手段,对于包装设计师而言,实物的制作是必需的,在对计算机效果进行确定并修改调整后,将设计稿打印出来,折叠粘成实际的包装,这样,与实际成品效果更接近,直观明了。尤其是纸盒包装,可以通过样品实际效果来检验设计效果并检查包装尺寸是否正确、结构是否合理,对存在的问题可以马上进行调整。

不同的材料会对包装最终效果产生一定的影响,同时对于尺寸也会产生干扰,样品制作时最好选择与成品相同的材料。如果无法实现,应尽可能选择类似的材料,至少要确保材料具有同等厚度,尽可能使样品效果接近成品。

二、输出稿的制作

(一)制作模切板

1. 模切

包装制作中通常对于非矩形的形状不能直接裁切,需要通过钢刀排列成成品的形状进行裁切,即模切。包装成品裁切线很少有标准的矩形,因此模切的制作是很关键的一步。另外,如果包装中有镂空或者挖空的处理,也需要进行模切。

2. 压痕

纸包装的成形通常是通过折叠、粘贴等手段完成的,由于包装用纸具有一定的厚度,折叠时会形成内、外两个面,被拉伸的一面拉力过大,容易造成纸张断裂,纸张越厚越硬,外面的拉伸越强,破坏性也就越强,严重影响纸盒的牢固性和外观。为了防止出现裂痕,要使用压线,制作压痕,使向外凸的角变为向内凹的角,形成拉伸力的缓冲,使纸盒折叠时保持很好的弹性,如图 7-15 所示。

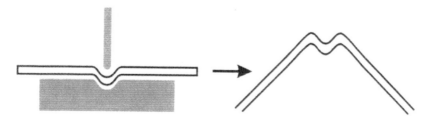

图 7-15　压痕

3.模切板

印刷厂进行模切和压痕的依据就是模切板,通常是将模切刀和压线刀组合在一个模板内,同时完成模切和压痕加工。

4.制作模切板

将平面展开图中的包装结构图的裁切线、咬合、镂空部分、压痕线等都标示出来。线的样式有严格的要求,凡是需要裁切的部分都绘制成粗实线,凡是需要折叠的部分都绘制成虚线。在绘制的时候一定要准确无误,不能有丝毫偏差,如图 7-16 所示。

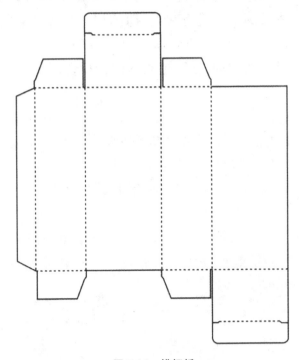

图 7-16　模切板

需要注意的是,成品裁切的尺寸一定要包括粘贴和插接的部分,虽然这两部分在包装成品外观上是看不见的,却是包装结构的重要组成部分,关系到包装的成形和稳定。

（二）制作输出稿

1.设置出血

包装在印刷完成后需要沿着成品裁切线进行裁切,机械化裁切的精确度很高,但也难免会产生错位,如果裁刀向外偏,就会露出白纸。为了避免这种情况,在制作包装输出稿的时候,凡是有颜色、有线条或有图片的部分都需要从实际尺寸向外扩展一定的量,留出裁切的余地,这就是"出血",3mm 是现在通用的一种出血尺寸。在包装中,需要粘贴、插接的部分也应该留出余地,防止接缝边缘露白边。图 7-17 所示为包装平面图在原图基础上向外扩了 3mm 后的结果。

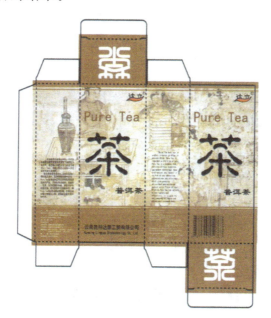

图 7-17　设置出血

2.最终的输出稿

包装外轮廓线、内部结构线只是做图时的参照,需要全部清除,如图 7-18 所示为最终用于印刷的输出稿。

图 7-18　最终的输出稿

(三)印前检查

输出稿制作完成后就可以出片打样了,但是,为了确保文件正确无误,需要在印前对文件进行细致检查。

1.检查内容

(1)信息内容。仔细核对包装文字、标点符号、图片信息是否准确,尤其是文字内容有无错误,要全面细致,这是因为即使是一个字的错误也会导致最终成品的作废。

(2)字体匹配。Illustrator 制作的文件可以直接送到制作公司出片,但是输出时往往会出现字体缺失或任意转换字体的现象,这是由于我们自己的计算机字库与制作公司的计算机字库并不一定能够匹配,解决这个问题可以采用以下三种方法:

第一,将使用的字体全部备份,与原文件一同复制。

第二,将文件中使用的文字全部转为曲线,这种方法比较方便,较为常用。

第三,将文件输出为 Tiff 格式,可以保证与原文件的一致性。

2.检查尺寸

仔细检查包装每一部分的尺寸是否准确,出血设置是否正确。

3.检查色彩

(1)色彩模式。图像的颜色模式的选择要根据设计种类和制作要求决定,大多数平面设计都要依赖印刷技术,尤其是纸包装设计。

印刷品分为单色印刷和彩色印刷,对于单色印刷比较容易理解,只使用一种颜色的印刷方式。而对于彩色印刷就比较复杂了,印刷机使用CMYK(青、红、黄、黑)四色油墨印刷来表现丰富多彩的色彩,因此,只要是彩色文件,都需要将文件的色彩模式转换为CMYK。最好的方法是,在制作草稿的时候,就要填充CMYK模式的颜色,置入的图片最好也在置入之前设置为CMYK模式。

(2)颜色是否准确。计算机屏幕会偏色,即便经过校色,显示的颜色也会与实际印刷成品有偏差,甚至相差较远,制作正稿时不能仅仅以屏幕显示效果为依据,而要对照标准色标。将设计稿中的主要颜色与色标中同数值的颜色相对照,确定颜色是否准确。如果颜色不准确,则以色标中的色值为准,修改文件中相关颜色的CMYK数值。

在进行颜色的检查时,最重要的颜色是品牌的Logo,一定要准确无误。

4.检查图片

确保用到的彩色图片分辨率至少为300dpi/像素/英寸,灰度图片分辨率至少为150dpi/像素/英寸。如果条件允许,分辨率也可以再高一些,保证印刷质量和成品效果。

使用Illustrator制作文件时,文件中的图片分辨率取决于图片源文件，往往容易忽略，需要核对源文件的分辨率。对于置入的图片分辨率和质量一定要仔细检查把关，如果原图的质量不好，即便提高分辨率也不会增加图片的质量。因此，对于质量不好的图片，最好选择放弃，使用其他图片代替，或者索性修改设计方案。

此外，在使用 Illustrator 软件制作的文件中图片往往采用置入的方式，在送到输出中心时，一定记得将文件中置入的图片一起送到输出中心，否则会出错或得到低分辨率的图片。

三、印刷制作

所有工作完成并检查完毕后，就可以输出准备印刷，存储的文件格式要根据使用的软件来设定。

如果使用 Photoshop 图像处理软件制作，输出时要存储为 Tiff 格式，色彩模式为 CMYK，分辨率达 300dpi 以上；如果使用 CorelDRAW、Illustrator、Freehand 等图形设计软件制作，输出时可以存储为自身格式，也可以输出成 Tiff、EPS 格式，但是一定要注意分辨率和色彩模式的设置。

（一）出片打样

1. 出片

所谓出片，就是用电子文件输出菲林片的过程。对于包装而言，将设计制作好的正稿和模切板文件存储送到制作公司，通过电子分色机输出 C、M、Y、K 四张分色软片和一张模切板的单黑胶片。如果在设计中使用专色，每种专色都需要专门输出一张胶片。

2. 打样

根据软片制作校样，通常简称清样或打样。打样的结果应该和最终的成品完全一样，印刷厂会根据打样来进行印刷效果的核对,根据模切的胶片进行包装的裁切。

3. 核对

在交付印刷之前设计师必须对胶片和打样结果进行仔细校对,这是至关重要的一步,也是包装正式印刷前的最后一次检查机会。

通常设计师需要检查以下几个方面:

(1)打样结果是否符合设计意图,颜色效果是否与设计的一致。

(2)信息内容有无偏差,文字是否正确,图片精度是否符合设计要求。

(3)从打样结果检查四张分色胶片边角线能否套准,是否出现偏差。

(4)模切板不需要打样,但要在胶片上检查核对各部分裁切线、折叠线和标记是否正确。

(5)检查胶片是否干净光洁,一定要确保没有孔眼、划痕、杂点和污渍。

之所以要检查细致入微,就是希望能够在真正进行印刷和制作之前,确保万无一失,尽可能地减少风险。因为一旦交付印刷,发现错误就只能全部返工,造成极大的经济损失。

作为设计师,不能只关注包装设计的视觉效果,要本着高度负责的态度对包装设计和制作的整个过程严格把关。例如,仅仅是模切板上一条虚线(折叠线)标记错误,标记成实线(裁切线),就会造成本来应该折叠的部分被裁切掉了,导致公司的巨大损失。

4. 制作样品

检查完毕后,最好再将打样制作一个包装成品,检查结构是否合理,尺寸有无偏差。

(二)印刷制作

现代高速发展的印刷技术使得原来无法实现的想法可以变为现实,不仅丰富了设计手段,也为设计师开拓了思路。包装的印刷工艺选择面很广,几乎所有的印刷方法都可以用在包装上,关键就是选择能够准确表现设计理念并尽可能经济实用的印刷制作方法。作为一名合格的设计师,还要准确把握包装设计与制作过程进度实施,包装印刷工艺的选择在包装设计阶段就要完全考虑好,因为"设计必须是可实现的"是包装设计的重要原则。例如,是否覆膜?是否采用起凸、烫金、涂布等特殊加工工艺?这些都要提前考虑周全。

一切准备就绪确保没有错误后,就可以将分色胶片、模切胶片和打样结果交付给印刷厂进行印刷制作了。在制作前要将设计要求与印刷厂沟通清楚,将制作的样品交给印刷厂可以使印刷厂更明确设计师的想法。

在制作期间,设计师要随时进行监督检查,保证印刷结果与打样一致,加工工艺符合设计要求。

第六节　中外设计实例

一、中国经典设计

(一)可采化妆品系列包装

这是一套由广州黑马广告公司创作的可采系列包装设计。作品在文化定位上,一直有一个很明确的诉求点——汉方(中医的别称)。在可采眼贴膜的包装上采用中国画小写意的手法,描绘出多种天然名贵中药的形象来表现产品的功效,进一步强化了产品具有中药、古方等的天然功效,与此同时,"汉方"这一概念也可引起消费者更深远的联想。画面以白色为底,中国蓝印花布的靛蓝色为主色调,色调古朴典雅,似青瓷特有的韵味,看上去像一款美丽的时装,给人以清新、淡雅的视觉享受;能够引起女人对漂亮时装的联想,极具"国际品牌时尚化"效应;开创了中国青瓷语汇进入商品包装领域的先河,并引发了中国包装设计界的一股青瓷热潮。一种秉承历史文化的气息赋予了"可采"独特的文化内涵,无形中增强了产品的说服力,其功效更令人信服。

可采眼贴膜以"汉方"为诉求点,适应了人们崇尚天然和健康的心理诉求,在画面中充分运用的中国传统元素更符合国人的审美情趣,因此受到广大消费者的青睐。可采的包装与产品的定位十分吻合,传统中国元素的运用并非浮于表面,而是融入产品的特点与功效,深入其内涵,紧扣女性消费者需求这一主题。现代包装设计理念的运用,使可采的包装在古朴、素雅的设计外观上增添了时尚、唯美的国际化品牌效应。更为可贵的是,可采的包装还成功地诠释了产品的营销策略,在包装上以 26 种名贵中草药表现产品功效的同时,凸显产品的诉求重点,传递出如何解决女性消费者肌肤所面临的问题的信息。可采包装成了一个优秀的导购员,起到了商业广告的作用,实现了"包装诉求化,诉求包装化"的理念。

可采的包装设计成功之处不仅是其外观装潢精美,更重要的是透过视觉图像介绍了产品的特点,成功地进行了品牌营销,并以此建立了品牌的市场地位,大大提升了了产品的市场销售额,引领企业进入一个新的发展历程。可采的包装设计充分体现了现代中国包装设计创新的途径,即清晰传达信息,表现品质,准确表达市场定位,设计出具有强烈视觉冲击力,蕴含丰富文化的作品。该作品(图 7-19)获得 2001 年全国平面设计大赛评委推荐奖、"亚太设计 2002 展"优秀奖、中国"包装之星"奖、"广东之星"包装设计金奖,并入选《2000—2001 年中国设计年鉴》。

图 7-19　可采化妆品

(二)"同里红"锦绣包装

该作品是由设计师徐立于 2007 年创作而成,他将苏州园林特有的"圆门"建筑符号植入设计当中,瓶体结构具有极强的层次感,使门和窗各成一体,富有"走过一扇门,透过一扇窗,别样的水乡就在你眼前"的江南意境。作品的颜色搭配也是一个极大的亮点:白色与黑色如同白天和黑夜,红色则象征春日的繁花似锦和夏夜的灯火璀璨,采用红黑色调的强烈对比,营造出了一个别样的江南。底纹中粉墙黛瓦依稀隐藏在晨曦中,暮霭里,被一片锦绣所笼罩。在衬托水乡清秀淡雅的同时,也展示了她的火热与妩媚。作品区别于主流的越派黄酒,将江南文化提炼出来,表现出一种异样江南的风味,自成一体,是对区域文化的成功挖掘与整合。

这款包装外观精美,寓意深刻,采用具有地域风格的设计元素综合传递产品的丰富内涵与文化特色,体现了设计师的深厚功力。整款包装视觉冲击力强,黑与红、白与红的双色搭配,使产品彰显经典和尊贵,色彩浓烈而奔放,以夸张的手法使江南秀色跃然而上。作品大胆突破了传统黄酒包装的古朴之风,呈现了苏派黄酒别具一格的鲜活形象,令人耳目一新,是传统设计元素与现代审美理念的完美结合(图 7-20)。

图 7-20　"同里红"锦绣包装

(三)"秦风汉韵"黑米酒礼盒包装

　　这款包装是由设计师徐立于 2007 年创作的设计作品,设计师以古老的饮酒仪式为创作核心,将炉、壶、杯等煮酒必备的用具有机组合在一起,让古老的中国饮酒文化得以完美展现。礼盒采用黑色格调,不仅直观地体现了产品由黑米酿造的属性价值,还恰当体现了"以黑为贵"的汉文化审美特征,从而延续了汉文化的传承,体现了酒的悠久历史。红与白的点缀色,体现了古老汉民族内敛与激情相融合的东方审美情趣。整体设计强调传统与时尚的融合,不仅注重传统文化的传承,还将现代包装设计中对结构空间的科学合理运用融入其中。礼盒结构简约而不简单,通过间壁对产品及相关配件的区域进行有效分割,在满足基本保护功能的前提下,又使其产品布局富有美感,利用结构的创新设计以达到提升商业价值和艺术欣赏价值的双重目的。该包装作品荣获 2007 年"世界之星"优秀奖。

　　"秦风汉韵"黑米酒礼盒包装不仅使消费者对包装物一目了然,而且外形设计美观大方,便于消费者在品尝黑米酒时,不必为品酒而另找酒杯,同时携带又方便,能充分满足消费者的需求。

像图 7-21 中的黑米酒礼盒这样按各国消费者的消费习惯设计的包装形式,将产品及数种有关联的配件组合成为一套集供应、生产、陈列、销售为一体的包装形式,称为配套包装。这样的包装形式给人以精致、完整的高档次感觉,消费者常以此为礼品互相馈赠。配套包装的目的是便于消费者购买、使用和携带,同时还可以降低包装成本,提高产品销售量。

图 7-21 "秦风汉韵"黑米酒礼盒包装

(四)蒙宝欧 650 手机包装

这是一款由设计师于光创作的以巧妙的结构设计而引人入胜的包装作品。蒙宝欧 650 手机是一款超薄的概念手机,手机外观配色以黑色为主,因此作者在设计产品包装盒时大胆延续了手机外观配色的黑色,并在结构上采取了相应措施,使之和主题相契合。

设计师从超薄主题概念出发,包装盒正面以一条银色线条展外,给人以超薄的视觉感知,黑色的底与银色的线条形成强烈对比。没有过多的装饰元素,总体感觉简约大方,非常时尚。包装盒在结构上分为上下两层。上层放置手机和充电器,下层放置用户手册和电池等配件,最大限度地利用包装盒的空间,并增强了实用性功能。为了突出该款手机的超薄概念,作者专门设计了一个薄薄的抽屉来放置手机主体。同时为了拿取手机方便,设计师巧妙地运用黑色绸带提拉,携出手机主体,凸显人性化和与消费者互动的理念。整款包装盒设计简洁有力,吸收了现代主义无装饰设计风格,在注重功能传达的同时突出了品牌形象。该包装盒主要材料是 $1200g/m^2$ 灰卡纸加裱 $157g/m^2$ 黑色纸张,整体造价成本非常低,且非常环保。这款包装曾荣获中国"包装之星"银奖(图 7-22)。

图 7-22　蒙宝欧 650 手机包装

(五)泸州老窖"岁岁团圆"礼盒包装

这是由设计师张爱华于 2005 年创作的"岁岁团圆"礼盒酒包装。其定位是面向商务人士的高端市场,包装以"团圆"为主题,希望通过祥和、平安、团聚、共享盛世的氛围向消费者传达中国传统的团圆文化,使消费者在饮酒的过程中,更能品味亲情、友情,品味团圆、幸福,品味人生,品味成功带来的喜悦。

在包装的结构设计上,岁岁团圆酒利用"圆"的概念,巧妙地通过四个棱角圆润的三角形瓶形拼接,构成一幅完美"圆"的形状。"圆"的组合结构的成功开发,打破了市场上现有瓶形的设计模式,而盒形设计则运用四个既独立又连接一体的三角形盒体通过围合而成一个正方形盒体,盒形展开后则显得大气延绵,展示效果极佳。盒形与瓶形组成的外方内圆造型,结构巧妙,形式新颖,对礼盒设计开发具有开拓性的意义。色彩选用最符合喜庆气氛的中国传统吉祥色彩——红色和金色为主色,符合国人的消费审美取向,有力地表现出中国的传统民族风情。图案设计以中国传统的年画为创作元素,通过天官赐福、代代寿仙、岁岁平安、和合万年、富贵姻缘五幅年画集中烘托了"团圆"的文化氛围。年画以独有的民间韵味赋予产品深远的福文化,体现了千百年来国人不变的向往和追求。品名由苍劲古朴的书法体和圆润优美的小篆体组成,给人久远、柔美的视觉享受,含蓄地将目标消费者深藏的归根、团圆之情表现出来,同时传达了祥和、喜庆、共享盛世的文化气息。

本包装风格以传统化、民族化、大气、情感化为特征,通过独特的造型、喜庆的颜色和富有民族风味的图案以及寓意深刻的文字向消费者传递团圆、美满的文化气息,显示了博大精深的中国传统文化和民族风情,蕴含深厚的文化内涵。这款包装于2005年在捷克首都布拉格荣获"世界之星"包装奖(图7-23)。

图7-23 泸州老窖"岁岁团圆"礼盒包装

（六）双霸酒包装设计

这是一款由设计师黄炯青创作的具有深厚传统文化特色的包装作品。在外包装盒设计上采用六面形造型,顶部是将折页依次咬合而成的锁口形式,并以一黑色编织绳穿扎,与其他同类产品设计相比,这款产品的视觉冲击力更强;在包装色彩的运用上以土黄色为底,顶部折叠的凹部块面和包装的底部采用褐色,与内包装黑白颜色的运用相统一,并具有一种根植于天地间的感觉。字体设计也张弛有度,行书体"双"字占据主展示面的大部分位置,而朱色宋体"霸酒"二字则置放于褐色边线的方框中,显得相对较小,很好地突出了品牌名称;主展示面旁的另一面上的标志设计,用简练的圆圈形式来表达,结合下方所置的"天霸酒,地霸酒,天地间,大补酒"的广告词,既体现了一种"天地之和,吉祥万物"的传统思想,也凸显了双霸酒的质量之佳。

在包装容器的设计中采用了两个可相互套合的陶质瓶体,并采用黑白两色来区分"天霸酒"和"地霸酒",拼合在一起似中国传统图案中的"太极"图,婉转优雅,既体现了"双霸"这一概念,又切合了"天地之和"的主题思想。同时容器成双,也有成双成对之意,符合中国消费者的文化观念。在其瓶体的设计上,不但体现了一种文化意蕴,而且还方便消费者握持,符合人体工程学原理。除在造型上体现一种中国风的味道外,其瓶口还运用了西方瓶口密封装置的木塞,有一种中西结合之意。在酒瓶的装潢设计上,运用具有吉祥征兆的红色,并在红色吊牌上用行书体书写"天霸酒"、"地霸酒"的名称,并分别置于白瓶和黑瓶上,以此来补充黑白两体所传达信息的完整性;瓶体的细长标签横向粘贴,为酒包装设计上常见的标签粘贴形式,但在标签上置有与吊牌内容和形式一致的红方块显得大气而不俗气,有种古代御用酒容器中央贴红色标志的形式感觉,具有古色古香的风格特征。作品荣获中国包装"中南之星"铜奖和"广东之星"银奖(图7-24)。

图 7-24　双霸酒包装设计

二、日本经典设计

(一)Yaoki 清酒包装

这款包装是由九州电通公司(Dentsu Kyushu Inc.)为 Yaoki 设计的酒瓶包装。Yaoki 是日本一种用土豆做成的清酒,瓶形的制作源自日本著名的有田系(Arita)瓷器。Yaoki 酒瓶被设计成优雅的白色,圆形的底部使它可以自动恢复到原始站立位置。这个设计理念来自一句古谚语:"如果你第七次倒下,那么第八次再站起来。"借用不倒翁的原型,赋予该酒一种"永不放弃"的理念,就像这个始终站立的酒瓶一样。独特的造型设计不仅美观,而且还富有深奥的文化底蕴,将"永不放弃"这一精神理念融入该包装设计作品之中,大大提高了该作品的档次和附加值。包装上的文字采用了中国汉字的字形,笔画粗细变化得当,优美易认,大方得体,令人赏心悦目,充满了现代主义气息。该包装设计荣获 2008 年度 Pentawards 奢侈品类白金奖。

该酒瓶的设计巧妙地将容器造型与品牌理念、内涵结合起来,使产品更耐人寻味,不仅塑造了品牌形象,也满足了消费者的审美需求,提升了消费者个体的价值观、人生观。这种以形传意、借物抒情的设计方式,体现了设计师丰富的文化内涵和对品牌的深刻解读,是现代包装设计文化性的体现(图 7-25)。

图 7-25　Yaoki 清酒包装

(二)iichiko 烧酒包装

这款作品由设计师河北秀也、谷井郁美于 1998 年共同创作而成(图 7-26)。iichiko 烧酒的中文名称叫亦竹烧酒。这款椭瓶亦竹,其酒味清囊酵香,是烧酒中的顶级精品。雅致的银灰色产品名称运用简洁端庄的字体,直接刻印在瓶身上,与透亮的瓶体和谐地融为一体。酒蕐上的文字编排沿袭朴素高雅的风格,给消费者留下了新鲜、自然的心理感受。为了不影响整个瓶子清澈透亮的效果,产品的属性、特点等说明性文字放在了细长的瓶颈位置,印在封口的薄膜上 iichiko 细长的瓶颈、优美的腹部曲线构成了圆润丰满的瓶形,犹如水滴一般,整体造型极其简约。值得一提的是,iichiko 烧酒的酒瓶采用耐热玻璃制作,饮用时可直接加热,饮用完,空瓶又可以二次利用作花瓶,体现了材料使用后呈现的二次功能价值。整体设计简洁通透、优美圆润、清爽宜人。

iichiko 烧酒造型优雅别致,没有过多的装饰,这也恰恰造就了日本独特的无装饰包装设计风格。无装饰包装设计纯粹以文字符号作为装饰元素,利用文字本身的造型、体态、笔画等特点,通过对文字进行有效的编排设计,创造出简洁、雅致、传达准确的包装设计风格。独特的设计理念也使消费者获得一种前所未有的愉悦感。正如日本著名设计师高桥正实所说:"当我在进行包装设计时,如果我设计的包装仅仅是一个装产品的盒子,而没有超越包装本身的功能性的话,我觉得我的作品就是废物。一个高质量的包装应该既能展现其功能性,又能对所有使用产品的人产生积极的影响。"

图 7-26　iichiko 烧酒包装

(三)沙皇(Tsar)男士香水包装

这是由日本 Curiosity 设计机构创作的一款富含凤梨、麝香、薰衣草和天竺薄荷等多种香型的男性香水包装。设计师采用了淡绿色的波浪形玻璃瓶和蚀刻品牌名称的黄铜瓶盖两种材质,既呈现出朦胧之美,又彰显阳刚之气。玻璃材料受光后能被光线直接透射,呈透明或半透明状,给人以轻盈、明快、开阔感。其材料的动人之处在于它的晶莹,在于它的可见性与阻隔性所产生的不平衡美感。当这类玻璃材料以一定数量叠加时,透光性减弱,但形成一种层层叠叠像水一样的朦胧美。包装上下两部分均采用黄铜材质,不但可以有效保护商品,还可以蚀刻品牌名及说明性文字,从而达到加强企业品牌形象的目的。实与虚、硬与软的对比使两种材质构成的香水瓶并列摆放在货架上的展示效果更突出。

　　该款包装是容器造型设计中靠材料质感表达主题的典型案例。玻璃的透明质感极具现代性,人们往往利用其透光性等特点营造舒适柔美的视觉感受,并使作品产生虚无缥缈或朦胧含蓄的装饰艺术效果,充分展示现代装饰艺术风格。金属材料是现代文明的标志,有很强的现代感和冲击力,它丰富了装饰艺术的设计语言,以其独特的光泽、色彩和质感,给人以华丽、辉煌、刚劲、深沉的感受,更具有坚固耐用的象征意义。两种材料的组合设计,使包装容器避免了呆板,给人以亲切感(图 7-27)。

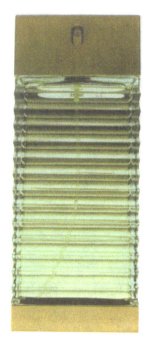
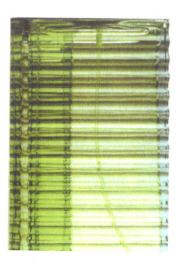

图 7-27　沙皇（Tsar）男士香水包装

（四）伊势酱油包装

这是设计师三浦正纪于 1996 年创作的一款伊势酱油包装。伊势酱油是日本的老字号店铺,商品品牌宣传的一个重要方向是老店悠久历史所带来的可信赖感,而在商品包装上并没有过多的文字夸耀,只是盒体似曾相识的造型和底部简朴古拙的"白描"插画,在视觉传达上吸引了消费者的目光。

这款包装的造型创意源泉来自日本木结构建筑。在日本,木结构建筑是传统建筑的重要样式,也常常是设计师们灵感的来源。设计者把包装结构的功能性、合理性与日本传统建筑的模数构件外形联系起来,把简洁明快的红、黑、白等色彩与传统建筑的常用色彩结合起来,甚至把现代设计中的简约、直线风格与传统建筑的高度单纯和精练的语言结合起来。盒底画面中的"白描"插画描绘了伊势神宫蜿蜒的祭祀队伍,使几百年前的情形再次浮现在人们眼前,从而把伊势品牌稳中有变、特色不改的悠久历史感展现得淋漓尽致。伊势酱油的纸盒包装不再是简单地抹一层传统的"脂粉",而是一个现代的包装经由精彩创意的点拨融入悠久的历史当中,成为一款让人久久不能忘怀的作品(图7-28)。

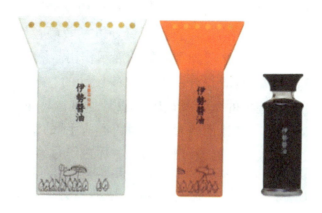

图 7-28　伊势酱油包装

三、英国经典设计

(一)霍尔福兹(Halfords)自行车里程计时器包装

霍尔福兹是英国最大的非食品零售企业之一,在整个英格兰、威尔士和北爱尔兰共设有 387 家商店。公司拥有 100 多年的历史,经营约 1.1 万种商品,年营业额超过 5 亿英镑,是英国商业界的知名企业。霍尔福兹的前身是一家在伯明翰开设的本地五金产品店,时至今日,公司已发展壮大成为英国顶级的汽车零部件、轮圈和配件零售商,以满足日益增多的汽车和自行车爱好者的需求为己任。

设计师勒维斯·莫贝利、里普·皮尔斯共同创作的这款包装最突出的创意在于通过图形的符号意义明确地传递出商品的功能属性。其包装根据产品功能的不同,在外包装盒的装潢上用不同形状的图形和简单的说明性文字及数字予以标识,清晰地传递出各产品功能的特色。另外,在外包装上以色彩醒目、字体偏大的数字作为符号,如采用"5""7""8"等不同的数字以橘黄色进行表现,在黑色背景的衬托下尤为醒目,以第一视觉流程快速而明确地传达出产品的功能信息,帮助消费者选择自己适用的产品。

黑色的包装盒,配以白色的说明性文字,加上细线条数字,不仅使包装与产品的整体和局部颜色和谐一致,而且呈现出理性而严谨的设计风格,传达出产品数据的精准性。在结构设计上,采取了与产品形状相一致的开窗式纸盒结构,开窗处以橘黄颜色涂饰边线,既聚焦了消费者的视线,又起到了良好的展示作用。该系列化包装所产生的良好品牌效应,既符合系列化包装设计的"多样统一"原则,又体现系列化包装中的"统一求变"的设计原则。该系列产品包装传达了霍尔福兹公司"让消费者使用时得心应手"的销售理念,符合现代包装设计以人为本的设计趋势,充分体现了包装设计的本质。

系列化包装是现代包装发展的趋势之一,是树立品牌形象的一个重要方面。其设计方法是在同一系列商品中通过改变各局部要素,形成多种组合形式,使其在具有变化的同时也具有统一性和不可替代性。系列化包装的设计已成为企业宣传产品形象、确立商品风格、推销商品的有效手段,是一个企业或一个品牌的相同种类、不同品种的产品所采用的统一而又有变化的规范化包装设计形式(图 7-29)。

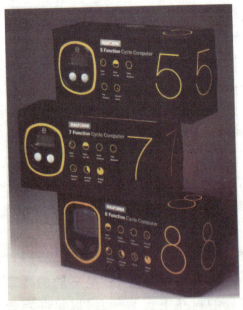

图 7-29　霍尔福兹(Halfords)自行车里程计时器包装

（二）比基尼包装

这是一款女性比基尼包装设计作品,由设计师 Han Ming Toh 创作而成,其主要的亮点在于包装的装潢、开启方式与产品内容相映成趣。通过巧妙的设计,该款设计在吸引消费者注目并准确传达产品信息的同时,也产生一定的诙谐趣味性效果。

在外包装盒的主展示面上,作者以高超的摄影技法精细地展示一位身材姣好的女性人物,照片的光影效果和模特身上的水珠给人以视觉感受上的延伸,展示出"性感、健康、阳光"的形象。这种利用逼真的人物照片作为包装的主体图形,采用与产品相关的图案进行装潢的设计方式,不仅给消费者很强的视觉冲击力,而且也很好地拉近消费者与商品之间的距离,并能让消费者一眼就能识别出该产品的属性特征,从而快捷、直观地传递出产品的功用信息。

在结构设计上,包装采用了扣盖盒和结绳相结合的包装方式。产品放在底盒上固定好,在底盒的左右两侧分别加了一片半透明的衬垫,这样既可以防止产品和扣盖盒的直接接触而产生磨损,也可以起到美化产品的作用,让顾客在打开商品时产生安全感和高档感。结绳扣起来的时候和外包装的扣盖结合在一起,好像是一位身材婀娜的少女穿着比基尼,使人充满了无限的遐想。整款比基尼包装设计构思新颖时尚,结构简单大方。作品入选《2006 年 D&AD 设计年鉴》(图 7-30)。

图 7-30　比基尼包装

（三）德沃尔（Dewars）威士忌包装

设计师格伦·塔特赛尔创作的德沃尔威士忌包装设计最突出的创意在于其容器上可移动的胸针和盖子与瓶口处结合在一起，用苏格兰风格的胸针推动瓶盖。孔洞由椭圆的磨砂玻璃取得类似的效果。最难处理的是合金铸造的问题，有人曾提议用塑料代替合金，这样既轻巧，触觉又温暖，但设计师最后还是采用了真正有质感的金属。

该设计作品体现了凯尔特人的设计风格，即将古老传统与现代形式的完美结合：关键词其一为"无限"，公元前一千年左右的凯尔特人的艺术本身是无时间限制的，直到今天还普遍存在于人们的生活中；关键词其二为"品质"，优雅而特意加长的瓶体，以及精致的装饰给人一种高品位、高质量的感觉；关键词其三为"活跃"，瓶子中间的椭圆形使设计生动活泼，当倒酒时，威士忌沿着瓶体柔和的曲线慢慢倾倒，形成美丽的旋涡。其中玻璃和合金钢的精密结合，是设计另一个与众不同的地方，使得玻璃和合金钢之间的尺寸可不断被调整。

德沃尔威士忌的优良品质和名门风范都借由其独一无二的瓶子造型传达出来。雕塑般的形状和独特外观，使这款酒更具收藏价值，拥有者可以自豪地将它放在酒柜里展示。一个高档的包装设计作品，不仅要在材质的选取上体现高档、典雅、尊贵等特征，更重要的是在造型设计上独具创新。这是一款典型的动态设计案例。德沃尔威士忌包装设计作品具有以下几个特征：动感——意味着发展、前进、均衡等品质，其中胸针的设计，形成了一种"动态的构成"；体量感——指的是体量常给人的心理感觉，设计时关键要处理好同等体量的形态以何种方法表达不同的心理暗示主题，采用局部减缺、增添、翻转等方式都能产生较好的效果，比如其金属质感的运用；深度感——诸如瓶子中间的椭圆形的运用，倾倒时形成的美丽漩涡，具有很强的深度感，能引人入胜（图7-31）。

图 7-31　德沃尔(Dewars)威士忌包装

(四)Marks&Spencer 风味零食包装

英国 Harks&Spencer 品牌起源于 1884 年,以"所有商品只要一分钱"的销售策略,迅速在市场上打响了名号,并在 1894 年邀请 Tom Spencer 加入经营,由此开创了 Harks&Spencer 的辉煌历史。第一次世界大战之后,由于战争以来的物资短缺,Harks&Spencer 也无力再维持"一分钱"的销售策略,于是顺势转变经营策略,将销售项目集中在服饰与食品上,并在 1926 年筹资成立股份有限公司,以加速新门市的开拓与旧门市的改装,展现出强劲的流行消费趋势。

该套风味零食包装是 Harks&Spencer 为商场零售而由拉菲尔·夏洛特设计的一款包装。这一包装尤以富有趣味的图案和张扬的色彩吸引着消费者。在这套系列塑料包装袋表面上,分别采用不同的色彩、形状等来区分食品不同的口味。在写实性产品图片的基础上加上富有情景的线描图形,构成了一幅生趣盎然的画面,直击包装的主题,使整个包装一目了然,具有强烈的吸引力,不仅丰富了整个包装的视觉语言,又增加了趣味性,为消费者和食品之间创造了一个情感交流的环境,同时也体现了Harks&Spencer 公司为消费者提供高品质商品的创新服务的销售理念。包装上的字体设计统一于整个排版之中,食品口味的介绍性文字一般置放在左上角,与右上角的品牌标志和品牌名称相照应,从而使整个画面具有稳定均衡之美。整个包装以各种抽象和具象的图形、文字进行巧妙、奇特的结合,具有强烈的时代感,让人回味无穷,增强了产品的亲和力,为消费者提供了更多的联想空间。

在科技日益发达的今天趣味化设计显得越来越重要,巧妙、合理地运用趣味性图形不仅刺激消费者的眼球,而且让作品有一种耳目一新的感觉。趣味性图形运用到食品包装设计领域中,使原本无生命气息的产品充满生机和自然情趣,激发人们的真实情感和需求(图 7-32)。

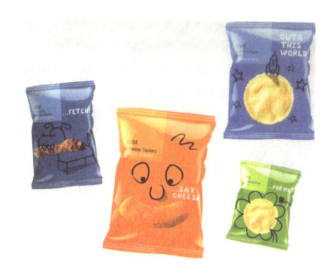

图 7-32　Marks&Spencer 风味零食包装

四、美国经典设计

(一)鸭形厕所清洁器(Toilet Duck)包装

这款作品的设计厂商美国庄臣公司(Johnson)创建于 1886 年,是世界领先的家庭清洁用品、个人护理用品和杀虫产品制造商之一,同时也是一家向商业、工业和事业机构提供产品服务的主要供应商。1914 年,庄臣公司在英国开设了第一家国际分公司。如今,庄臣公司的经营范围已遍及 50 多个国家。庄臣公司的主要产品有雷达杀虫剂、碧丽珠家具光亮剂、威猛先生家用清洁剂、鸭形厕所清洁器和佳丽空气清香剂等。这些产品确立了庄臣在家庭卫生领域的国际领先地位。

鸭形厕所清洁器(Toilet Duck)包装采用容易塑形、上色的塑料材质,由设计师庄臣(Johnson Wax)设计,英文"Duck"的产品名称和"S"形的"红嘴的白鸭"在品牌识别上给人深刻的印象。作为一款卫生清洁用品,瓶形像一只鸭子,瓶颈弯曲的角度恰到好处,非常方便人们在角落等不易清洗处使用。

鸭形厕所清洁器包装体现了一种全新的设计理念——包装

容器造型的情趣化设计。这种可爱的鸭子造型,不仅让消费者感到一种亲切感,而且很好地拉近了商品与消费者之间的距离。当一件包装产品被赋予了情感,它就不再是一个简单的物质形态,而成为一个有思想的精神体,它可以和用户进行情感上的交流,并轻松地融入人们的生活中去,成为人们精神世界的有益组成部分。鸭形厕所清洁器包装中的"意境"是承载在包装物品上的虚拟场景,这个场景包括可以引起人们生活回忆的场合、环境、人物和事件等,能够触动人们的情怀,"情趣"也就随之产生(图 7-33)。

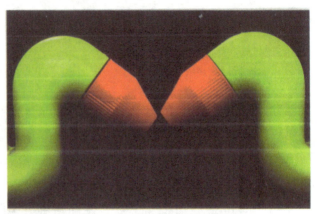
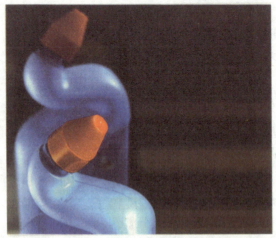

图 7-33　鸭形厕所清洁器(Toilet Duck)包装

（二）Ologi 腕表包装

这款作品的创作者是鼎鼎大名的 Turner Duckworth 设计公司。设立于伦敦的 Turner Duckworth 是一家国际领先的品牌与包装设计公司，由设计师 Bruce 与设计师 David Turner 在 1992 年共同创建。他们在品牌标识和包装专案中赢得了盛誉，获得 200 多项国际设计大奖，并多次在国际级的设计比赛中担任评审团主席。"Graphls""Deslgn Week""Print Maga-zlnes""I. D.""Comm Unlcation Arts"等杂志均对两位主创做过专门介绍。主要客户包括 Amazon. com－Palm、可口可乐以及维珍集团等。

这款腕表的包装设计充分运用了科学技术手段与现代设计方法相结合的方式，使得 Ologi 手表一上市就受到广大消费者的欢迎。"科学地测算时间"这一概念是 Turner Duckworth 设计公司为 Ologi 品牌设计名称时的切入点。标志的设计结合太阳和月亮，包装的造型则借用了时间飞船的形式，寓意产品的特征。其包装设计注重体现腕表的品牌，凸显庄重、简洁、大气的风格。象征尊贵的金属外壳不仅可以保护手表，而且在开启后可以起到良好的展示效果。

腕表的包装造型设计与现代化工业生产技术相结合。采用对自然模仿和变形的方法，以简练规范、便于生产加工的几何造型为主，探索形态创造的美感。新颖的腕表包装造型会给腕表带来很好的促销效果。

现代包装设计往往将造型效果与保护功能有机地结合起来。在满足保护功能的基础上，用艺术的感性形式把包装的促销功能充分地表现出来，从而使包装造型具有赏心悦目的效果（图7-34）。

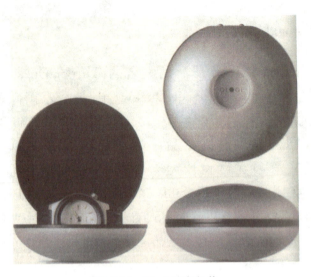

图 7-34　Ologi 腕表包装

(三)Lily 花茶包装

这是设计师 Ashley Spangler 运用仿生学的原理而设计的一款花茶包装,其造型与包装的内装物相呼应,通过简明的造型特征使消费者清楚且直观地了解了产品的属性。在用色方面,设计师大胆采用了红色、绿色和白色三种颜色,不仅体现了花茶自身的自然色彩,同时又给人一种清新自然的视觉感受;在文字设计上,单纯的底色上配以简洁、时尚的品牌文字以及品牌标志,使整个包装在繁复、优美的造型上更显大气和时尚。设计师在结构上也独具匠心地将各个似花瓣的折页依次咬合,形成一朵含苞欲放的花朵,结构简洁巧妙,易合易开,不但有效地保护了内装物,还便于宣传、陈列、展销,具有一定的观赏价值。设计师把物体蕴含的某些特性,通过仿生的手法加以再现,让消费者感受到作品绽放的生命力(图 7-35)。

图 7-35　Lily 花茶包装

五、法国经典设计

（一）"一生之水"香水包装

这是一款由三宅一生（Issey Miyake）创作的香水包装设计作品。三宅一生是一位伟大的艺术大师，他的时装极具创造力，集质朴、现代于一体，试图用一种最简单的、无须细节的独特素材把服装的美丽展现出来，这便是三宅一生的时尚哲学，是一种代表着未来方向的崭新设计风格。三宅一生的作品看似无形，却疏而不散。正是这种玄奥的东方文化的抒发，赋予了作品神奇的魅力。他的成就不仅令日本人骄傲，而且按法国人的说法，在他面前，不光法国的时装设计大师们，就连高耸入云的埃菲尔铁塔也像是少了一些霸气。

三宅一生一直在苦思该创造一瓶什么样的香水来传达自己

的设计理念,却始终找不到灵感。在一个雨天,当他停下手上的工作望向窗外时,不经意间他被一颗颗停留在玻璃窗上又倏然滑落的水滴所吸引,他欣喜地猛然抬头,远处的埃菲尔铁塔在一片雾茫茫中映入眼帘。在一刹那,一切都有了答案。"一生之水"也因此诞生。

"一生之水"以其独特的瓶身设计而闻名,有如雕塑般的香水瓶,三棱柱的简约造型,轻微的曲线使人拿起来更为顺手,其厚重的底部由一大块银色底圈与一个小小的弧形组成,使人联想起一滴露珠的形态,简单却充满力度。玻璃瓶配以磨砂银盖,顶端一粒银色的圆珠如珍珠般迸射出润泽的光环,高贵而永恒。这项设计一经推出,就使人们眼前一亮,当年即在香水奥斯卡的盛会上,夺得女用香水最佳包装奖,还分别在纽约、巴黎等地获得各项大奖。"一生之水"以清雅迷人的甜香,成功地进入香水世界,并创造了经典的传奇。

"一生之水"包装设计灵感来自雨后的巴黎埃菲尔铁塔,外形简洁得令人称奇,它纯净的线条、透明的瓶身,完全符合三宅一生所说的:"我想以最少和最单纯来表现美感,但与抽象艺术无关。"由此,简单、洁净的风格,融合了泉水中的睡莲及东方花香,并注入春天森林里的清新,造就了"一生之水"清净与空灵的禅意。这种独特的、最简单抽象风格的尝试使得三宅一生独一无二的日式文化风格逐步走向了时尚界的中心舞台(图 7-36)。

(二)牛角面包(Sketch Croissant)包装

这是一款由设计师 Warmrain 运用环保理念而开发出来的面包包装。牛角面包又称新月形面包,一般呈月牙状,法语"Croissant"的意思为"半月",是一种加有很多黄油的面食。关于这个如弯月形的面包造型的灵感,众说纷纭,最为人所熟知的是来自土耳其军队中人手一把的土耳其弯刀。

图 7-36　"一生之水"香水包装

　　设计师依据产品的特性并融合实用性、美观性原则，设计了这款可携带的牛角面包包装袋。包装袋的展开图由五个方形构成，面包放入上面后两两对折形成一个可以装载、容纳食物的包装袋，为消费者提供非常便捷的使用功能。这个包装袋采用可回收利用的材料，并装饰有精美的图案，当面包吃完以后，把包装袋展开后既可以当桌布，也可用来作为餐巾纸。在现代包装设计中，可回收利用的新材料越来越多地用于快餐食品的包装中（图 7-37）。

图 7-37　牛角面包（Sketch Croissant）包装

（三）依云（Evian）矿泉水包装

现在人们总是在从事各式各样的日常活动：工作、休闲、度假，形形色色的活动都为我们提供了在户外饮水的场合，这类包装也与消费者的这种生活方式相适应。这款依云矿泉水瓶的瓶盖部配备了一个圆环，可以通过弹簧钩悬挂在背包、裤带上，适合在徒步、攀登、旅行等各种户外活动过程中使用。水瓶的瓶盖结构不仅可以将远足时人们的双手释放出来，为使用者提供便利服务，还额外提供了一项功能，就是可以将其旋转下来，当成一个独立的容器直接饮用，既方便又卫生，这在野外是非常重要的。

包装设计中的功能性永远是第一位的。无论设计怎样的造型，都应赋予它简洁的概念。设计师不应该一味地追求新颖的材料和新奇的造型，从而忘记包装的基本要求——安全可靠性和方便性。通过结构的创新，使得人性化设计理念得以实现，是现代设计的高端要求。同所有设计一样，包装设计也需要注入"人性化理念"和"人文关怀精神"。在商品供需竞争日趋激烈的今天，人与商品的关系不仅建立在供应与需求的基础上，更重要的还在于认同、理解、情感共鸣等人性化交流的关系上（图7-38）。

图7-38　依云（Evian）矿泉水包装

（四）Piper Heidsieck Sauvage 桃红香槟酒包装

Piper Heidsieck Sauvage 是法国香槟酒的一个著名品牌,该品牌产品价格定位适中,适合以大众消费为主。厂家为了让自己的产品能在众多同类品牌中脱颖而出,特邀请了荷兰著名包装设计师维克托(Viktor)和罗尔夫(Rolf)对其原有包装进行改良。"怎样才能创造出一些新颖且又永恒不会磨灭的东西呢? 我们只有一个答案:比例颠倒。"两位设计师保留了香槟所有的传统图形特色(瓶子、软木塞、冰桶、玻璃杯和标签),但如果将香槟头倒转的话,那么就有必要将所有以上元素颠倒,从而增强这种视觉印象,尤其是要改良香槟包装,将 Pieper Hiedsieck 品牌与其竞争者们区分开来。这个简单而又极具创意的想法在 Pentawards 国际包装设计奖上获得 Pentawards 2008 钻石奖。

包装容器的造型设计能否突破传统形体联想的禁锢,在超市中与同类产品摆放在一起更加凸显自己的特色,吸引消费者的目光呢?"反其道而行之"的造型理念的运用,带来了包装容器造型设计的新思维。"反其道而行之"也是如今运用逆向思维理念的一个重要的设计方法,对包装设计的发展起了重要的作用。打开思想的禁锢,开发创造性思维,这是当今设计师所必备的一种能力。一个好的设计作品要想在同类产品中立于不败之地,具有创意的造型设计是设计师必须考虑的问题(图 7-39)。

图 7-39　Piper Heidsieck Sauvage 桃红香槟酒包装

六、其他国家经典设计

(一)Power One 助听器电池包装

德国宝威公司为助听器电池提供了一套完整的包装设计。该产品模拟人的耳蜗设计,达到一种最有效的保护状态,选用质轻价廉的纸材包装,起到了保护环境的作用,是一种生态包装。电池包装中超长的标签既可以方便握持,又可以很快地插入助听器。创新的旋转滚轮可以放置 6 节可再充电电池,电池可以自由旋转从包装里面拿出,也可以方便地放进去,并且可以通过颜色来辨别不同型号的产品。这款包装还有一个安全封条,保证包装像刚出产时一样原封不动。该产品获得 2005 年 iF 设计奖。

根据 Power One 电池的包装,我们可总结出包装结构设计的几个原则:具有保护性,包装结构设计首先要考虑的问题就是保护商品,包装结构要牢固,要选用坚固可靠的材料来包装;具有方便性,包装结构的设计要具有便于堆叠存放、展示、销售、携带、使用和运输的特性;具有生产的合理性,批量包装要考虑加工、成型、大批量生产的方便等问题;具有变化性,包装的造型稍有变化就会给人以新奇感和美感,刺激消费者的购买欲望(图 7-40)。

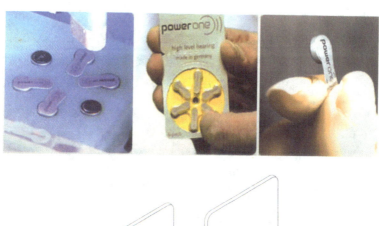

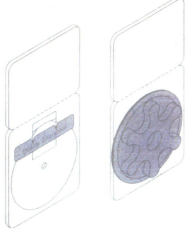

图 7-40　**Power One** 助听器电池包装

（二）新鲜餐盒包装

这款由 Flex/the Innovation Lab 设计公司为荷兰 UNOX 创作的餐盒包装运用了纸材和 PP（聚丙烯）两种不同材料的完美组合，并且使用诱人的实物放大照片呈现盒子里新鲜又富有营养的成分，能让消费者一下就喜欢上这款充满诱惑力的包装。从外包装上来看，设计师并没有采用全封闭式的包装，而是将内装物和写实的照片巧妙地结合在一起，以蔬果为主体背景，凸显出食物的新鲜和丰富，恰到好处地保留了透明区域，可以让消费者对内装物的属性有全面的认知，从而达到展示商品形象的目的。外盒的成型和结构是由一张卡纸制成的，两侧独特的插口可以很牢固地进行锁定，而且方便开启，打开这款包装的过程也许比享用美餐更加有趣。

包装作为生活方式变革的一个重要手段之一,并不是只停留在设计一个能装物品的盒子上,而是要设计出便于人们消费的包装,使得人类能朝更加符合自己生存的生活方式进化(图 7-41)。

图 7-41　新鲜餐盒包装

(三)运动饮料包装

这是意大利的一款为户外运动所提供的饮料概念包装设计。户外运动是现代社会非常流行的一种运动形式,这种运动衍生出很多为之服务的附属产品,这款概念包装设计即是设计师为迎合户外运动所设计的一种附属产品。

饮料包装容器瓶采用一种套索式的造型,使之与人的手臂连为一体,形成一个加长版的手套造型,瓶体顶端有一个指环孔,用来套住大拇指,以便更好地固定在手上,瓶形同人的手部曲线一致,具有流线型动感。这款饮料包装设计的特色主要为人在运动时,可以将这款饮料戴在手上,在需要饮料时,通过对瓶口的吮吸就可以喝到饮料,相比直接拿在手上或背在包内等方式,更适合于人在运动时的需求。

这款运动型饮料包装设计的亮点主要在于它的瓶身式样和携带方式的创新性,设计师考虑了目标消费者的移动性,解决了这类目标人群运动时喝饮料的不便,并符合人们的行为习惯。瓶子的形式与携带方式的创新,其出众的视觉识别力所形成的感官,能够帮助该商品从众多竞争对象中脱颖而出,使消费者留意、停顿、观察、赞赏并最终产生购买行为(图 7-42)。

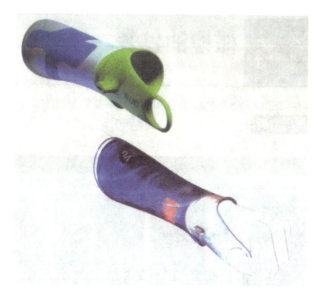

图 7-42　运动饮料包装

(四)天才(Talent)茶具包装

这是一款具有典雅气质的茶具包装设计作品,设计师通过似金字塔的造型和丰富的肌理来体现产品的尊贵感。金字塔造型稳重且大方,其简练概括的线条,以最简单的方式表达着力量的美感,极富装饰性效果。材料的肌理则运用看似杂乱,实则充满韵律感和跳跃性的线条来传达一种动态之美,同时体现了节奏、秩序、特异、对比、疏密等多种设计形式的组合关系。在这套茶具的内部结构上,设计师借鉴了中国古建筑中的榫卯结构,用两片硬卡纸互相穿插将杯盘卡在一起,作为内衬和间隔固定茶具,既牢固又美观,体现了良好的包装保护性能,另外,还可以在销售过程中起到展示作用。盒底通过四个相互咬合的旋涡折角依次插合,最后通过一个方形封条进行粘贴固定,具有较好的承重性,使得内装物在流通过程中不易脱离包装,避免造成破损。

似金字塔的四棱锥造型设计,完全依据茶具组合后的形制来设计,比市面上流通的茶具包装设计更能节省材料和空间,并能通过其独特的结构、新颖的创意展示一种结构美,从而凸显该款包装的整体美感(图 7-43)。

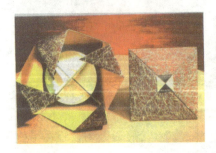

图 7-43　天才(Talent)茶具包装

(五)自然(Natura)香水包装

自然(Natura)化妆品公司是巴西最主要的化妆品和个人护理品公司,总部在巴西圣保罗,其与雷盛公司携手为旗下全套香水品牌开发现代环保的个人护理品包装,他们主要针对个人护理产品进行了一系列造型独特的设计,这款香水包装便是其中的代表作。

雷盛公司运用其丰富的全球资源为这款新的高消费香水包装提供所有的部件:来自法国的包装设计和工程技术,来自美国的造泵工艺以及来自巴西的制造与组装。在他们的共同合作下,雷盛研发出了一种可进行重复使用的包装材料,最终定下来的设计是一个圆滑而现代的造型,其特征是瓶底有个螺旋塞用来补充最初的零售产品。瓶底采用音速焊接工艺焊接到容器瓶上,而雷盛制动器和 TNP 泵恰到好处地安装在椭圆形的瓶冠内,整体造型流畅、雅致。这个 100 毫升的瓶子是采用注入式造模并由聚丙烯制成。Natura 标志是用丝网印刷印在容器表面上的。这款包装满足三个要求:一是减少环境污染;二是确保包装易于再装;三是优化包装的供应链。这款产品可以很轻松地在使用瓶底螺旋气雾阀的条件下反复灌注,减少了浪费(图 7-44)。

图 7-44 自然(Natura)香水包装

(六)显窃启、儿童安全型儿童安全盖

该复合瓶盖兼备显窃启和儿童防护的双重功能。它是一个两件套的密封瓶盖,由一个螺旋内盖和一个外盖共同构成。只有按压和旋转两个动作同时进行,才能旋下瓶盖,按压时使外盖和内盖相互咬合,旋转时方可开启,这样可以有效地防止儿童无意中打开瓶盖的无意识行为,又不为成人设置障碍,兼顾这两种功能。内盖有一个打孔的封圈,开启瓶盖时必须将之折断除去,任何试图开启包装的行为都会留下明显的痕迹,从而有效地阻止了非法窃启者的违法行为(图 7-45)。

图 7-45 显窃启、儿童安全型儿童安全盖

（七）U'Luvka Vodka 酒包装

这是波兰 U'Luvka Vodka 酒的一款包装，在欧洲和北美伏特加市场中定位于创建一个新的高端豪华品牌。包装容器瓶以强调视知觉为设计理念，瓶体的造型设计打破了西方传统的直线形式的酒瓶设计模式，而采用"S"形的曲线形式，呈现出曲线般的形态，让人联想到自然界中植物的根部造型，给人一种回归自然的视觉感受。三种不同容量的酒瓶摆放在一起，又给人一种"一家人其乐融融"的和谐感受。木质瓶塞和透明玻璃的完美匹配，形成其独特醒目的形象特征。U'Luvka Vodka包装的图案是由设计师阿洛夫手绘而成的，然后印刷到柔软的纸张上，产生一种将木灰揉搓入画面的艺术效果，再结合丝网印刷及 UV 过油技术，图案随着光的角度变化而产生丰富的视觉感受。标贴摒弃传统纸贴形式，上面的标志据说是古代炼金术字形载有符号的"男""女""太阳"和"月亮"，其历史可以追溯到 1606 年波兰皇家法院，这些具有历史价值的支撑物使 U'Luvka Vodka 包装设计体现出波兰古代文明与现代科技的有机融合。

外包装盒设计整体以黑色为背景色，并以银白色的卷草花纹修饰主展示面的上下两部分，品牌名称与标志则置放于两者之中。字体设计巧妙地改良于波兰最早的一种文字，充满了异域风情。整套包装设计灵巧而富有美感，既是功能和形式的高度统一，也是技术和艺术的完美合一。面世后，U'Luvka 以其醇和的口感、独特的设计和包装，迅速成为一款高品位的伏特加酒（图 7-46）。

图 7-46　U'Luvka Vodka 酒包装

参考文献

[1]李伯民,李瑞琴.现代包装设计理论与方法[M].北京:电子工业出版社,2010.

[2]唐芸莉.包装设计与制作[M].北京:化学工业出版社,2010.

[3]杨仁敏.包装设计[M].2版重庆:西南师范大学出版社,2005.

[4]刘春雷,汪兰川.包装配色与设计[M].北京:印刷工业出版社,2012.

[5]范凯熹.包装设计[M].上海:上海锦绣文章出版社,2012.

[6]王茜.包装设计[M].武汉:华中科技大学出版社,2011.

[7]曾敏,杨启春.包装设计[M].重庆:重庆大学出版社,2014.

[8]符瑞芳.包装设计[M].北京:人民邮电出版社,2015.

[9]朱和平.世界经典包装设计[M].长沙:湖南大学出版社,2009.

[10]柳冠中.设计方法论[M].北京:高等教育出版社,2011.

[11]曾建国.包装设计[M].北京:龙门书局,2014.

[12]骆光林.绿色包装材料[M].北京:化学工业出版社,2005.

[13]王建清,陈金周.包装材料学[M].北京:中国轻工业出版社,2009.

[14]骆光林.包装材料学[M].2版北京:印刷工业出版社,2011.

[15]刘全校.包装材料成型加工技术[M].北京:文化发展出版社,2016.

[16]张理,李萍.包装学[M].2版北京:北京交通大学出版社,清华大学出版社,2005.

[17]王淑慧.现代包装设计[M].上海:东华大学出版社,2011.

[18]潘森,王威.包装设计[M].北京:中国建筑工业出版社,2015.

[19]朱国勤,吴飞飞.包装设计[M].上海:上海人民美术出版社,2016.

[20]丹尼森,广裕仁.绿色包装设计[M].黄晓红,译.上海:上海人民美术出版社,2004.

[21]张大鲁,孟娟.包装设计[M].北京:中国纺织出版社,2013.

[22]高媛,李宗尧.包装设计[M].北京:清华大学出版社,2015.

[23]陈根.包装设计及经典案例点评[M].北京:化学工业出版社,2015.

[24]孙芳.商品包装设计手册[M].北京:清华大学出版社,2016.

[25]刘兵兵.个性化包装设计[M].北京:化学工业出版社,2016.

[26]郁新颜.包装设计[M].北京:北京大学出版社,2012.

[27]过宏雷.包装的形象策略与视觉传达[M].北京:清华大学出版社,2015.

[28]刘春雷.包装材料与结构设计[M].2版北京:文化发展出版社,2015.

[29]威尔斯.包装设计[M].王姝,译.北京:中国纺织出版社,2014.

[30]加文·安布罗斯,保罗·哈里斯.创造品牌的包装设计[M].张腹玫,译.北京:中国青年出版社,2012.